海南省海平面变化影响
调查评估(2009~2019)

石海莹 等 编著

科学出版社

北 京

内 容 简 介

本书共 9 章，主要内容为海南省 2009～2019 年海平面变化影响调查评估工作成果的汇总和提炼。书中介绍了海南岛海岸带分布特征，以及海南岛周边不同区域海平面变化情况与发展趋势，并充分利用海南省十余年的海平面任务成果，展示了海南省海岸侵蚀、堤防沉降、围填海区域沉降、风暴潮灾害、海水入侵和土壤盐渍化、红树林等现场调查成果，分析了海平面上升背景下海岸侵蚀、风暴潮、海水入侵与土壤盐渍化等灾害对海南省的影响情况，并描述了海南岛沿海堤防、围填海及滨海生态系统（红树林）对海平面上升的响应情况，还针对海平面上升对海南省的社会经济影响提出了应对和防范对策。

本书图文并茂，全面介绍了与海平面上升有关的各灾种对海南省的影响情况，既有翔实的调查数据资料支撑，又有丰富的现场实例展示，可作为海南省各级防灾减灾部门防范和应对海岸带灾害的参考书，同时也可作为风险管理、防灾减灾、海洋等行业及社会公众了解海平面上升影响的参考书。

图书在版编目（CIP）数据

海南省海平面变化影响调查评估. 2009-2019 / 石海莹等编著.—北京：科学出版社，2023.3
ISBN 978-7-03-074256-8

Ⅰ.①海⋯ Ⅱ.①石⋯ Ⅲ.①海南-海平面变化-影响-评估-2009-2019 Ⅳ.①P548.266

中国版本图书馆 CIP 数据核字（2022）第 242060 号

责任编辑：朱 瑾 习慧丽 / 责任校对：郑金红
责任印制：吴兆东 / 封面设计：无极书装

科学出版社 出版
北京东黄城根北街 16 号
邮政编码：100717
http://www.sciencep.com

北京中科印刷有限公司 印刷
科学出版社发行 各地新华书店经销

*

2023 年 3 月第 一 版 开本：720×1000 1/16
2023 年 3 月第一次印刷 印张：13
字数：263 000
定价：180.00 元
（如有印装质量问题，我社负责调）

《海南省海平面变化影响调查评估（2009~2019）》编委会

主　编　石海莹

副主编　王青颜　陈　周

编　委　胡悦洋　吕宇波　逄麒潼

　　　　万　莉　李孟植　魏子丰

　　　　朱万里

前　言

海平面变化是由洋盆地形状况、海水总质量和海水密度改变引起的平均海平面高度的变化。天文潮中的长周期分潮、天气状况、气候的长期变化、海洋水文和海洋动力状况、海冰融化等是使海平面发生变化的主要原因，可使海平面发生长期变化、年变化、短期变化和突然变化。在气候变暖的背景下，冰川融化和海水变热膨胀使得全球海平面呈持续上升趋势，给人类社会的生存和发展带来严重挑战。全球海平面上升（绝对海平面上升）主要是由全球温室效应引起的气温升高，以及海水增温引起的水体热膨胀和极地冰川融化所致，区域性海平面上升（相对海平面上升）是在全球海平面上升的背景下，由沿海地区地壳构造的升降、地面下沉及河口水位趋势性抬升所致。

海平面上升是全球气候变化的重要表现形式之一，20世纪以来，全球海平面呈现加速上升趋势，观测结果表明，1901～2010年全球海平面上升速率为1.7mm/a，1993～2010年为3.2mm/a，1993～2016年为3.4mm/a。《2020年中国海平面公报》显示，1980～2020年中国沿海海平面上升速率为3.4mm/a，高于同时段全球平均水平。过去10年，中国沿海平均海平面持续处于近40年来高位。2020年，中国沿海海平面较常年高73mm，为1980年以来第三高。海平面上升是一种长期的、缓发性灾害，如果不能有效应对，将会淹没滨海低地和低海拔岛礁，改变滨海湿地、红树林、珊瑚礁、海草床等生态系统生存环境，削弱防潮、防洪、排涝、排污等基础工程设施的功能，加剧滨海城市洪涝、风暴潮、海岸侵蚀、海水入侵和土壤盐渍化等灾害程度，使得沿海人口受灾，经济受损，生态环境遭受破坏。海平面上升已经严重威胁沿海地区经济社会的可持续发展，成为沿海地区面临的主要气候变化威胁，同时沿海地区的人口增长、经济发展也使得海平面上升风险显著增加。

海平面上升对我国沿海地区的经济社会、生态环境和城市防护等造成了严重威胁。为提高我国应对气候变化的能力，《中国应对气候变化国家方案》明确提出，提高应对海平面变化的监视监测能力，强化应对海平面升高的适应性对策。2009年，国家海洋局启动了全国沿海地区海平面变化影响调查评估业务化工作。海平面工作是《中国应对气候变化国家方案》的组成内容之一，海平面变化影响调查和评估则是海平面工作的重要组成部分，对于全面掌握海平面上升的综合影响、准确评估海平面上升可能带来的灾害及为海洋领域应对气候变化提供基础数据和决策依据具有十分重要的意义。自2009年以来，海南省根据国家海洋局的要求，持续开展沿海地区海平面变化影响调查评估工作，在全面分析海平面对海南省海岸带影响现状后，连续多年针对海岸侵蚀、风暴潮灾害、围填海区域沉降、堤防沉降等进行了现场调查，积累了大量的现场调查成果。本书对海南省十余年的海平面调查工作成果进行收集、整理、汇编，对海平面变化有关的灾害进行全面的分析总结，以掌握海平面变化对海南省造成的综合影响，为沿海地区经济可持续发展、海洋防灾减灾和海洋领域应对气候变化提供基础数据与决策参考。

海南省的海平面工作一直由海南省海洋监测预报中心承担，致力于海平面工作的人员很多，其中参加海平面变化影响调查的人员主要有李文欢、王青颜、石海莹、吕宇波、陈周、冯朝材、张金华、万莉、李孟植、朱万里、逄麒潼、符烨全、袁忠平、胡悦洋、魏子丰等。任务执行期间，大家辛苦工作，取得了大量宝贵的现场调查资料，完成了多篇调查报告，为本书的编写创造了条件。另外，国家海洋信息中心刘克修主任、王慧主任和付士杰研究员对海南省海平面工作的开展进行过多次现场指导，提出了很多很好的建议，李文善同志参与了本书第二章的编写，在此一并表示感谢。

本书的编写受海南省自然科学基金高层次人才项目"海南岛海岸侵蚀灾害调查研究"（420RC746）和"海南省海平面变化影响调查评估项目"资助，上述项目均由海南省海洋监测预报中心承担。

由于本书涉及的学科较多，内容较广，作者经验不足，学识有限，如有不妥之处，恳请专家和读者给予批评指正。

编 者

2021年10月于海口

目 录

第 1 章 海南岛海岸带概况 ·· 1
1.1 海南岛地貌特征 ·· 1
1.2 海南岛海岸带自然环境 ··· 2
1.3 海南岛海岸带分布 ·· 4
1.4 海南岛海岸带长度 ·· 5

第 2 章 海南岛沿海海平面变化特征 ·· 8
2.1 海平面观测 ··· 8
2.2 海平面变化特点 ··· 8
2.3 海平面变化归因 ·· 10
2.4 海平面变化预测 ·· 11
2.5 海平面变化对海南岛沿海地区的影响 ·· 11
参考文献 ·· 12

第 3 章 海南岛沿岸海岸侵蚀监测评价 ··· 14
3.1 海岸侵蚀现场调查 ··· 14
3.2 海岸侵蚀监测与侵蚀强度评价内容和方法 ··· 39
3.3 海岸侵蚀监测结果与侵蚀强度评价 ·· 43
3.4 海岸侵蚀强度综合评价 ·· 79
3.5 海岸侵蚀原因分析 ··· 82
3.6 海岸侵蚀趋势 ··· 85

第 4 章 堤防沉降变化 ·· 86
4.1 堤防沉降现场调查 ··· 86
4.2 海平面上升与海堤 ··· 96
参考文献 ·· 97

第 5 章 围填海区域沉降变化 ··· 98
5.1 围填海区域地面高程监测及沉降变化 ·· 98
5.2 围填海区域沉降变化分析 ··· 109

第 6 章 风暴潮灾害 ·· 111
6.1 0917 号热带风暴"芭玛"风暴潮灾害调查 ·· 112

6.2　1108号强热带风暴"洛坦"风暴潮灾害调查……………………113
　　6.3　1117号强台风"纳沙"海洋灾害调查………………………………119
　　6.4　1119号强台风"尼格"风暴潮灾害调查……………………………130
　　6.5　1409号超强台风"威马逊"风暴潮灾害调查………………………140
　　6.6　1415号超强台风"海鸥"风暴潮灾害调查…………………………147
　　6.7　1522号强台风"彩虹"海洋灾害调查………………………………154
　　6.8　1621号强台风"莎莉嘉"风暴潮灾害调查…………………………158
　　6.9　1719号强台风"杜苏芮"风暴潮灾害调查…………………………164
　　6.10　高海平面期与海南省风暴潮灾害…………………………………169

第7章　海水入侵及土壤盐渍化……………………………………………170
　　7.1　海水入侵和土壤盐渍化的调查情况…………………………………171
　　7.2　海水入侵的影响因素及成因…………………………………………179
　　7.3　海水入侵和土壤盐渍化的危害及防治措施…………………………180

第8章　红树林变化…………………………………………………………182
　　8.1　红树林资源概况………………………………………………………183
　　8.2　红树林资源实地调查…………………………………………………183
　　8.3　海平面上升对红树林的影响…………………………………………189
　　参考文献……………………………………………………………………190

第9章　海平面上升对海南省的影响及防范对策………………………191
　　9.1　海平面上升对沿海地区自然环境的影响……………………………191
　　9.2　海平面上升加剧海洋灾害的威胁……………………………………193
　　9.3　海平面上升降低海岸防护设施的防护能力…………………………195
　　9.4　海平面上升对沿海地区社会经济的影响……………………………195
　　9.5　海平面上升防范对策…………………………………………………196
　　参考文献……………………………………………………………………198

第1章 海南岛海岸带概况

1.1 海南岛地貌特征

海南岛是个大陆岛，平面呈椭圆形，地貌总轮廓似穹隆状，即以海拔最高的中部五指山为中心，向四周外围逐级递降，顺次由山地—丘陵—台地—阶地—平原组成围绕中央山地的层圈状地貌。全岛可分成4个层圈：一是中心山地带，以五指山为核心，海拔在500m以上，面积占全岛面积的25.1%；二是环山丘陵带，围绕中心山地分布，海拔为100~500m，多数在300m以下，面积占全岛面积的13.1%；三是台地阶地带，海拔在100m以下，面积占全岛面积的43.3%；四是沿海平原带，面积占全岛面积的11.7%（表1-1）。

表1-1 海南岛各类地貌面积统计表

地貌类型	面积/km²	占全岛的比例/%	备注
山地	8 639	25.1	海拔在500m以上
丘陵	4 498	13.1	海拔为100~500m
台地	11 052	32.1	海拔在100m以下，其中玄武岩台地面积为4 159km²
阶地	3 850	11.2	分布在江河流域，比平原高5~10m
平原	4 028	11.7	分布在四周滨海
其他	2 333	6.8	含海岸、滩涂等
总计	34 400	100	

海南岛地貌总体上具有如下特征。

（1）中高周低的环状结构

海南岛总体上呈中高周低的环状结构。这种地貌特点，一方面影响全岛水文和气象，形成了地表河流由岛中央呈放射状向四周奔流入海的水系格局，且河流多而比降大、长度短而流量小，在中部高山阻隔下形成了东部多雨、西部干热的气候；另一方面使土壤和植被也呈环状分带，即由中部到外围，顺次为天然林带、热作经济带、农业渔业带。

（2）南北地貌分化明显

海南岛北半部属长期沉陷区，形成了广阔的台地，基质为浅海相沉积物，沿岸有不少溺谷湾；南半部为长期隆起区，山地和丘陵集中，上面有多级夷平面地形。

(3) 台地面积最大

海南岛台地面积为 11 052km², 占全岛总面积的 32.1%, 因高度与坡度都较小, 风化壳深厚。台地加上阶地、平原的面积, 占全岛总面积的 55%。这种地貌有利于农业、林业和牧业发展, 但地形对保水不利, 水源不足, 易干旱。

(4) 火山地貌发育显著

因地质史上新近纪至第四纪的新构造运动时期, 雷琼地区火山喷发频繁, 主要在琼北形成了华南面积最大的玄武岩台地 (面积为 4159km²) 及火山锥最多的地区 (火山锥有 101 座)。

(5) 红树林和珊瑚礁海岸发达

热带气候和环境条件使红树林和珊瑚虫得以在海南岛沿岸广泛繁殖生长、充分发育, 种类多, 分布广, 面积大, 形成了全国罕见的典型的热带红树林和珊瑚礁海岸生物地貌 (红树林海岸长 133km, 珊瑚礁海岸长 250km)。

1.2 海南岛海岸带自然环境

1.2.1 琼东 (文昌—万宁) 沿海岸段

琼东沿海岸段海涂物质主要由河流输沙或潮流和陆地暴流、散流搬运泥沙在海湾沉积而成。流经琼东的河流有万泉河、九曲江、新园水、沙笼溪、太阳河、龙尾河、文教河、文昌江和石壁河等, 水源充足, 水质良好。

年平均日照时数大多为 1500~2200h, 且年际变化相对稳定; 年平均气温为 24℃; 年降雨量为 1729~2141.4mm; 影响该岸段的台风平均每年有 4.3 个, 台风影响盛期是 8~10 月, 占全年总数的 71%, 尤其以 8 月为最多, 占全年的 31%。

海水表层水温多年平均为 25.1℃。沿岸表层盐度变化与河流入海水量的变化相对应。潮汐类型为不正规半日潮和不正规全日潮, 平均潮差不到 1m。由于受地形影响, 表层海流均具有风漂流性质, 浪向以偏南向出现频率较大, 全年平均波高较大, 为 1.0m 左右。

红树林主要分布在文昌市东南部清澜港内, 面积为 2800hm², 是海南省红树林面积最大、品种最多的地方。红树林的树种有海榄雌、红海榄、海莲、秋茄树、桐花树、海杧果等 15 科 24 种。

1.2.2 琼南 (陵水—三亚) 沿海岸段

琼南沿海岸段海涂属于平直海岸海涂, 海涂物质由原地或附近海岸浪蚀堆积而成, 或为浅海沉积物通过波浪的搬运堆积而成, 组成物质较粗, 以沙和泥沙混合物为主, 部分为砾。

流经琼南的河流有宁远河、藤桥河、三亚河、陵水河、英州河和港坡河，水量充足，但由于地势北高南低，河水在平原停留时间短，直泻入海，留在陆上的水量少。

琼南沿海岸段为低纬度地区，属长夏无冬地段。年平均气温为 24.7℃，全年日照时数为 2031~2586h；雨量分配不均，旱雨季分明；台风以 8~9 月为多，尤其以 9 月下旬为最多。

潮汐类型为不正规全日潮，平均潮差不及 1m，波浪以南—西南西向出现频率较大，平均波高为 0.3~0.5m。

红树林主要分布在三亚市亚龙湾内，面积为 155.67hm^2。

1.2.3　琼西（乐东—昌江）沿海岸段

琼西沿海岸段海涂以泥和细泥沙为主，滩面平坦宽广，坚实黏重，适合于盐业生产。流经琼西的河流有昌化江、通天河、感恩河、南港河、白沙河、望楼河、珠碧江等。

琼西沿海岸段面临北部湾，是我国典型干湿季交替的热带季风性气候区，年平均气温为 18~24℃，雨量少而集中，干湿明显，蒸发量大，气候干燥，春夏之交常吹干热风。该岸段处于背风区，台风经过时，风力已大大减弱，所以受台风的影响较其他地区小。海水温暖，盐度高，潮汐类型为不正规全日潮和正规全日潮，平均潮差为 12m 左右，波浪以偏西南、偏北向为多，年平均波高为 0.7m。

生物种类繁多，可供养殖的就有 10 多种。红树林分布不集中，零星地散落在望楼、新村、四更、新港一带的海涂上。

1.2.4　琼北（儋州—琼山）沿海岸段

琼北沿海岸段内的儋州市、海口市和临高县的海涂面平坦，泥底质以泥沙为主，掺杂有破碎贝壳。澄迈县的海涂多属盐碱冲积形成的砂质土和碱性土或酸性土。该岸段地表水丰富，河流有南渡江、演州河、龙州河、大塘河、美舍河、文澜江、北门江等。

琼北沿海岸段位于海南岛北部，属季风热带气候，干湿分明。年平均气温为 23℃左右，年平均日照时数在 2000h 以上，灾害性天气主要是台风、清明风、干热风和寒露风。

潮汐类型自儋州市的海头湾至海口市的秀英港西岬后海为正规全日潮，其余岸段为不正规半日潮，浪向多为北—东北向，年平均波高为 0.6m。

红树林分布比较广阔，其中新英湾红树林区坐落在儋州市新英湾附近，面积为 133hm^2；彩桥红树林区位于临高县的后水湾头咀港东部沿海，面积为 1108.0hm^2；新盈红树林区位于临高县后水湾头咀港南部沿海，面积为 1509.0 hm^2；红牌红树林区位于临高县红后岛南面，面积为 70hm^2；东寨港红树林区为国家级自然保护区，面积为 2601.3hm^2。

1.3　海南岛海岸带分布

海南省所属的海岸，可按成因分为：岩石海岸、砂质海岸、珊瑚礁海岸和红树林海岸四大类型。

1.3.1　岩石海岸

海南省岩石海岸由不同时代的花岗岩、变质岩或沉积岩构成，主要分布于海南岛西北部（马村—洋浦），以及东部的铜鼓岭和东南至南部（新村湾—梅山）一带沿岸，其余岸段有零星分布。

海南岛西北部的马村—洋浦岸段为熔岩 1～4 级台地，在该台地上发育有红壤，地形平坦，土层较厚，岩石海岸线长约 100km。海南岛东部的铜鼓岭附近约 10km 的岸段，海拔为 100～250m，为花岗岩低丘地貌。海南岛东南至南部的新村湾—梅山一带岩石海岸以新村港外、亚龙湾、梅山为主，其中新村段长约 15km 为花岗岩低丘海岸，亚龙湾东角等长约 45km 为花岗岩高丘海岸，南山角约 10km 为花岗岩高丘海岸，梅山约 5km 为中生代中酸性喷出岩高丘海岸。

此外，尖峰岭西部的岭头附近约有 2km 的花岗岩低丘海岸。从万宁市的大花角至陵水湾、昌化港北侧、博鳌港北侧沿岸均有花岗岩低丘海岸。

1.3.2　砂质海岸

海南省砂质海岸线占全省海岸线长度的 75%，主要分布于沙坝潟湖和三角洲平原沿岸。在抱虎角—大花角岸段，砂质海岸占绝大部分，约 250km 岸段为砂质潟湖海岸，集中分布在抱虎角—铜鼓咀、博鳌—大花角两个岸段。在大花角—梅山岸段，除岩石海岸外，其余基本上为砂质海岸，总长近 300km。在梅山—昌化江口岸段，砂质海岸以沙堤为主，总长近 200km，几乎连续分布于整个岸段。在昌化江口—抱虎角岸段，砂质海岸总长约 340km，其中昌化江口—洋浦岸段长约 100km，儋州市光村附近长约 20km，临高角附近长约 25km，澄迈县马村至文昌市抱虎角岸段长约 170km，其余零星岸段砂质海岸长约 25km。

1.3.3　珊瑚礁海岸

珊瑚礁海岸是我国热带和南亚热带的一种特殊的生物海岸类型。珊瑚礁海岸由造礁石珊瑚骨骼及其碎屑构成（且常伴有喜礁生物骨骼）。海南岛珊瑚礁海岸呈断续分布，珊瑚礁带多为裙礁（岸礁）、潟湖岸礁、离岸堤礁，其中裙礁分布最广，通常以礁坪的形式分布在沿海，宽度为 10～200m，而海南岛东岸分布较宽，一般为 1500～2000m。海南省西沙群岛、南沙群岛、中沙群岛及其海岸就是由珊瑚礁组成的。

海南岛的珊瑚礁海岸主要分布于以下岸段：在抱虎角—大花角岸段，分布在文昌市清澜港口（约 10km 的岸礁与离岸礁混合型）和琼海市潭门港口附近（约 10km 岸段的岸礁）；在大花角—梅山岸段，主要分布在新村港外、陵水湾南部及三亚附近，尤以三亚附近分布为最多，总长约 35km，多为岸礁，部分为离岸礁；在梅山—昌化江口岸段，仅岭头和八所附近有珊瑚礁海岸，总长约 4km，为离岸礁和岸礁混合型；在昌化江口—抱虎角岸段，昌江黎族自治县峻壁东侧至儋州市兵马角（除新英湾外）、后水湾和抱虎角西侧海岸分布有离岸珊瑚礁，总长约 128km。

1.3.4 红树林海岸

红树林海岸是海南岛的一种特殊的生物海岸类型。

海南岛的红树林海岸主要分布于以下岸段：在抱虎角—大花角岸段，分布于清澜湾、小海湾、博鳌湾内，以清澜湾为主，总长约 20km；在大花角—梅山岸段，分布在黎安港、新村湾及榆林港内，总长约 15km；在梅山—昌化江口岸段，分布在九所附近的乐罗一带，总长约 2km；在昌化江口—抱虎角岸段，分布在海头湾、新英湾、博铺港、马袅港、澄迈湾、铺前湾及东寨港内，尤以东寨港和新英湾分布为最广。海南岛红树林海岸总长近 50km。

1.4 海南岛海岸带长度

根据"908 专项"的岸线修测成果，海南岛海岸线长度为 1822.8km，其中自然岸线长度为 1226.5km，人工岸线长度为 596.3km。大部分人工岸线为养殖围塘建堤，这说明海南省海洋开发活动为低粗型，人类活动对岸线的影响相对较小。海南岛海岸线长度统计见表 1-2 和图 1-1。

表 1-2　海南岛海岸线长度统计表

沿海市、县	海岸线长度/km			海岸线占比/%
	自然岸线	人工岸线	合计	
海口	101.7	34.5	136.2	7.47
文昌	191.4	87.1	278.5	15.28
琼海	53.2	29.1	82.3	4.52
万宁	97.0	88.0	185.0	10.15
陵水	77.3	32.3	109.6	6.01
三亚	188.4	70.2	258.6	14.19
乐东	64.9	19.4	84.3	4.63

续表

沿海市、县	海岸线长度/km			海岸线占比/%
	自然岸线	人工岸线	合计	
东方	99.8	28.6	128.4	7.04
昌江	47.4	16.2	63.6	3.49
儋州	173.9	93.4	267.3	14.66
临高	65.4	49.3	114.7	6.29
澄迈	66.1	48.2	114.3	6.27
总计	1226.5	596.3	1822.8	100

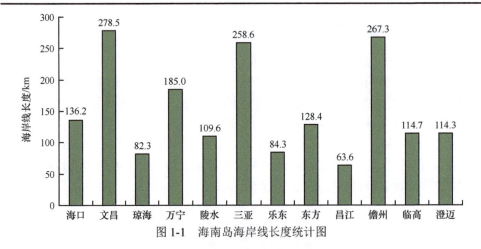

图 1-1 海南岛海岸线长度统计图

根据"908 专项"的岸线修测成果，海南岛的自然岸线和人工岸线长度分别占 67.29%和 32.71%（图 1-2）。其中，海南岛海岸线总长度的 10.43%为基岩海岸线，43.10%为砂质海岸线，32.71%为人工岸线，11.88%为生物海岸线，而粉砂淤泥质海岸线长度仅占 1.88%。粉砂淤泥质海岸主要分布在一些河口地区，如南渡江河口、昌化江河口、宁远河河口、临高县、澄迈县和儋州市等琼北基岩海岸之间的半封闭性海湾均有分布。

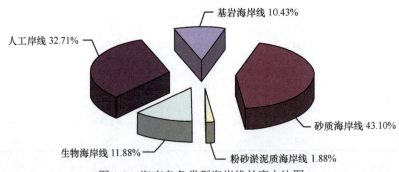

图 1-2 海南岛各类型海岸线长度占比图

海南省沿海各市、县海岸线中，文昌市最长，为 278.5km，其次是儋州市和三亚市，分别为 267.3km 和 258.6km；昌江黎族自治县的海岸线最短，只有 63.6km，其次是琼海市和乐东黎族自治县，分别为 82.3km 和 84.3km。

海南省沿海各市、县基岩海岸线中，三亚市最长，为 58.5km，其次是儋州市，为 49.9km，其余市、县的基岩海岸线长度都在 20km 以下。

海南省沿海各市、县砂质海岸线中，文昌市最长，为 138.6km，其次是三亚市和东方市，分别为 102.4km 和 91.2km。文昌市砂质海岸线长度占全市海岸线总长度的 49.8%，略高于全省平均值；三亚市砂质海岸线长度占全市海岸线总长度的 39.6%，略低于全省平均值。

第 2 章 海南岛沿海海平面变化特征

2.1 海平面观测

海平面是海面的平均高度。卫星测高技术出现前，验潮站观测数据是计算海平面变化的主要数据来源。验潮站观测具有精确度高、时间长等优点，而卫星观测具有空间面积大、空间分辨率高等优势。目前，海南岛沿岸有海口秀英站、文昌清澜站、琼海博鳌站、三亚站、乐东莺歌海站和东方站等长期验潮站，常年不间断地开展潮位观测。根据验潮站观测数据，可计算海南岛沿海海平面的变化情况。本章使用中国海平面观测站网资料及卫星高度计数据，分析海南岛周边海域海平面变化。其中，卫星高度计数据融合了 Jason-1/2、T/P、Envisat、GFO、ERS-1/2、GEOSAT 等多源卫星高度计数据。所使用的数据均经过均一性订正和质控处理（王慧等，2013）。

2.2 海平面变化特点

验潮站和卫星高度计观测数据显示，海南岛沿海海平面呈波动上升趋势，沿海海平面变化季节特征明显，近海海平面上升速率略小于沿海，且存在区域差异。

2.2.1 沿海海平面变化

近 140 年来，海南岛沿海海平面呈波动上升趋势。根据国家海洋局发布的《1989 年中国海平面公报》，过去 100 年，海南岛沿海海平面上升幅度为 16cm，平均上升速率为 1.6mm/a。1980～2020 年，海南岛沿海海平面上升速率为 4.3mm/a（图 2-1），高于全国同期平均水平。2012 年以来，海南岛沿海海平面处于有观测记录以来的高位，其中 2017 年达到历史最高，较 1993～2011 年平均值高约 113mm。根据自然资源部发布的《2020 年中国海平面公报》，2020 年海南岛沿海海平面较 1993～2011 年平均值高 65mm，10 月海平面达 1980 年以来同期最高。

从海南岛沿海 10 年平均海平面变化来看，1980 年以来海南岛沿海海平面呈梯度上升趋势，1980～1989 年平均海平面处于近 20 年最低，2010～2019 年平均海平面处于近 20 年最高，二者相差约 130mm。2010～2019 年平均海平面较上一个 10 年上升幅度最大，约 60mm（图 2-2）。

海南岛沿海海平面变化存在区域差异。1974～1985 年，海口沿海海平面波动较大，幅度约为 10mm；1985 年以来，海口沿海海平面持续上升，引发了南渡江沿岸的海岸侵蚀。海口西海岸的地面沉降加剧了海平面相对上升，局部地区

1967~1969 年上升速率达到 9mm/a（Qiu，1990）。1954~1992 年，海南岛南部沿海海平面平均上升速率为 0.64mm/a，这一速率小于同期全球平均水平，反映出同期海南岛南部沿海地面的微弱抬升（吴小根，1997）。近 20 年来，海南岛西部沿海海平面上升最快，2000~2020 年海平面上升速率超过 5mm/a，北部、南部和东部沿海海平面上升速率为 4~5mm/a。

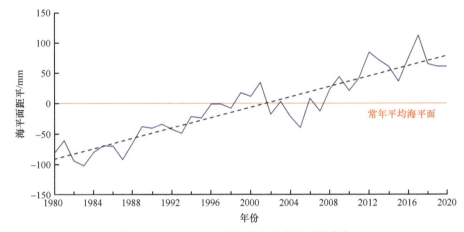

图 2-1　1980~2020 年海南岛沿海海平面变化

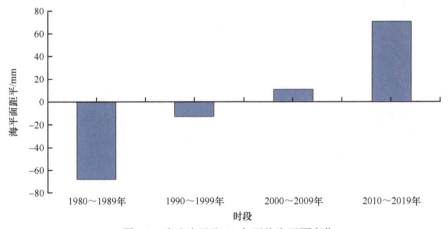

图 2-2　海南岛沿海 10 年平均海平面变化

海南岛南部沿海海平面变化存在显著的 19 年、8 年等振荡周期，其中以 19 年周期变化最为显著（吴小根，1997），8 年周期变化反映出海平面变化厄尔尼诺-南方涛动（ENSO）事件等的影响，19 年周期变化主要与月赤纬变化有关。

海南岛沿海海平面变化存在明显的季节特征。沿海海平面季节变化特征基本一致，海平面在 10~11 月达到全年最高，在 6~7 月达到全年最低（图 2-3）。海南岛东部沿海海平面年变幅约为 300mm，西部沿海海平面年变幅约为 250mm

（图2-3）。在季节性高海平面期，高海平面、天文大潮和风暴增水相叠加，将加剧台风风暴潮灾害的影响。

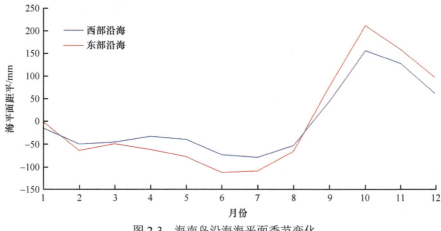

图 2-3　海南岛沿海海平面季节变化

2.2.2　近海海平面变化

海南岛近海海平面变化空间差异明显，海平面上升速率总体略小于沿海。1993~2020年，海南岛西部昌江至儋州、东部万宁至琼海近海海平面上升相对较快，速率约为4.0mm/a；海口、三亚近海海平面上升速率约为3.5mm/a。

2.3　海平面变化归因

全球气候变暖导致的海水热膨胀、极地冰盖和陆源冰川融化是引起全球海平面上升的主要原因。区域海平面变化与全球海平面平均变化状况有明显不同，除了受全球海平面变化的影响，还受局地海温、海流、风、气温、气压和降水等水文气象要素的影响（王慧等，2017）。海南岛位于南海，沿海海平面变化除了受全球气候变化背景影响，还与ENSO等海洋气候过程，局地气压、风、海温、盐度、海流等局地水文气象环境，以及地面垂直运动等相关。在多种因素的共同作用下，海南岛沿海海平面发生异常变化，如2010年9月海平面异常偏低、1988年10月海平面异常偏高等（Wang et al.，2017）。海南岛沿海短期海平面异常变化还与增减水有关，在风暴潮影响期间尤为明显，在海南岛北部至东部沿海，2~3月、6~7月和10月以增水过程为主，4月、8~9月和11~12月以减水过程为主，增减水的年变幅为4~5.5cm（王慧等，2017）。海南岛新构造运动具有明显的区域性，西海岸为沉降区，东海岸为上升区，抬升中心在海口至文昌之间，西海岸的地面沉降将加剧相对海平面上升，使沿海面临的海岸侵蚀、海水入侵、风暴潮等致灾风险进一步加大。

2.4 海平面变化预测

为积极应对海平面上升及其对沿海地区产生的社会经济影响,需要对未来海平面上升幅度做出科学的预测。根据政府间气候变化专门委员会(IPCC)第五次气候变化评估报告,21 世纪全球平均海平面将持续上升,在 RCP8.5 情景下,2100年全球平均海平面将上升 0.52~0.98m。王慧等(2018)基于海南岛沿海近 50 年海平面变化的周期性、趋势性等规律,采用统计预测模型得出的 2050 年、2070年、2100 年和 2120 年海南岛沿海海平面上升预估结果显示,海南岛沿海海平面上升幅度均高于全国平均水平。该研究还给出了基于多模式集合预测的不同温室气体浓度增高情景下 2050 年、2080 年和 2100 年南海海平面上升预测结果(表 2-1)。在高情景(RCP8.5)下,2100 年海南岛所在的南海海平面将上升 0.75(0.49~1.09)m(相对于 1986~2005 年的平均海平面)。

表 2-1 南海海平面上升预测(王慧等,2018) (单位:m)

	2050 年			2080 年			2100 年		
	RCP2.6	RCP4.5	RCP8.5	RCP2.6	RCP4.5	RCP8.5	RCP2.6	RCP4.5	RCP8.5
最小值	0.13	0.15	0.16	0.22	0.26	0.32	0.27	0.34	0.49
平均值	0.22	0.23	0.25	0.37	0.41	0.51	0.46	0.54	0.75
最大值	0.33	0.35	0.37	0.54	0.59	0.75	0.68	0.79	1.09

注:海平面上升是指预测年份平均海平面相对于 1986~2005 年平均海平面的变化

2.5 海平面变化对海南岛沿海地区的影响

海南岛位于南海西北部,地处热带边缘,特殊的地理位置使其海洋灾害频发,同时使其成为典型的海平面上升影响脆弱区。海平面上升将淹没滨海低洼土地,加剧风暴潮、洪涝、海岸侵蚀、海水入侵等灾害的致灾程度。

海南岛是世界闻名的热带海岛滨海旅游度假区,其优质沙滩是珍贵的旅游资源。海平面上升将淹没和减小旅游区沙滩面积,对旅游业发展有直接的经济影响(石海莹等,2018)。评估显示,海平面上升 50cm 情景下,三亚滨海旅游区沙滩面积的平均损失率为 24%(林彰平,2001),其中亚龙湾沙滩面积将损失 12.7%,三亚湾沙滩面积将损失 17.5%(王颖和吴小根,1995)。根据海南岛沿海海平面上升趋势和相关调查成果,到 2100 年大东海浴场沙滩面积将损失 20%(国家海洋局,2013)。

海平面上升会导致风暴潮淹没范围急剧扩大,同时导致平均潮位增高、水深增大、近岸波浪作用增强,进一步加大风暴潮和近岸波浪的强度。海南岛受台风影响频繁,风暴潮灾害频发,每年 9~11 月是高海平面期,同时又是南海台风活跃期,海平面上升加剧风暴潮灾害对沿海地区社会经济的威胁。例如,2016 年 10

月为海南岛沿海季节性高海平面期，台风"莎莉嘉"于 18 日在万宁市登陆，其间恰逢天文大潮，风暴潮造成海水养殖、交通和堤防设施等受损，直接经济损失超过 3.5 亿元（国家海洋局，2017）。

海平面上升将抬升基础潮位，使沿岸水深增大，海洋动力作用增强，加剧海岸侵蚀程度。海口市东海岸、琼海市博鳌镇三江出海口北侧和万宁市乌场春园湾等岸段属严重侵蚀岸段，侵蚀后退速率超过 3.0m/a；文昌市翁田镇湖心村东侧、昌江黎族自治县进董村、昌江黎族自治县海尾国家湿地公园、澄迈县包岸村南段、澄迈县沙土村和东方市新龙镇新村西侧等岸段属强侵蚀岸段，侵蚀后退速率为 2.0～3.0m/a；文昌市海南角段锦山镇东北侧、琼海市博鳌印象东南侧、儋州市排浦镇沙沟村、陵水黎族自治县香水湾和三亚市亚龙湾东南侧等岸段属较强侵蚀岸段，侵蚀后退速率为 1.0～2.0m/a；琼海市潭门镇龙湾港、儋州市白马井镇和昌江黎族自治县核电厂西南侧等岸段属微侵蚀岸段，侵蚀后退速率为 0～1.0m/a。

海平面上升加剧海水入侵程度。海南省三亚市海棠湾和榆林湾地区海水入侵及土壤盐渍化调查显示，榆林湾海水入侵范围距岸约 0.55km，其中严重海水入侵范围距岸约 400m，轻度海水入侵范围距岸约 500m；榆林湾和海棠湾均存在土壤盐渍化现象，榆林湾盐渍化范围距岸约 0.5km，海棠湾盐渍化范围距岸约 0.6km。

高海平面顶托排海通道的下泄洪水，增加排涝难度，加剧滨海洪涝灾害，当高海平面、风暴潮等相叠加时，可能出现海水倒灌，造成严重的灾害影响。1415 号超强台风"海鸥"于 2014 年 9 月 16 日 9 时 40 分前后在海南省文昌市翁田镇沿海登陆，登陆时恰逢天文高潮期，二者相遇产生的水位达 4.52m，超过警戒水位 1.62m，是海口秀英站自建站以来的历史最高潮水位；整个城市龙昆沟、秀英沟和大同沟等排水河道全部超过或逼近上限水位，潮位上涨产生顶托作用，积水排泄困难；海口市区大面积被淹，为全省受洪涝灾害最严重区域，直接经济损失约 13.5 亿元（石海莹等，2018）。

海平面上升将抬高基础潮位，致使极值潮位的重现期缩短，且水深的增加会使波浪爬高值明显增大，从而导致堤防防护能力降低、海岸工程的寿命缩短或危及沿海构筑物安全。由于海平面上升，50～100 年后东方市海岸工程设计波高的重现期将由 100 年缩短至 55 年，设计波高将由 8.7m 增大至 9.2m（陈奇礼和许时耕，1993）。在台风影响期间，当风暴潮增水较大时，海平面上升造成的水深增加将使同样风场条件下的风浪和拍岸浪增高，甚至超过海岸工程的设计波高，浪潮相互作用破坏构筑物或漫过堤岸，堤防受损将更加严重。

参 考 文 献

陈奇礼, 许时耕. 1993. 海平面上升对华南沿海工程设计波要素的影响. 海洋通报, (6): 14-17.

国家海洋局. 2013. 2012 年中国海平面公报.

国家海洋局. 2015. 2014 年中国海平面公报.

国家海洋局. 2017. 2016 年中国海平面公报.

林彰平. 2001. 海平面上升对我国沿海地区可持续发展的影响及对策. 邵阳师范高等专科学校学报, 23(2): 75-77.

石海莹, 吕宇波, 冯朝材. 2018. 海平面上升对海南岛沿岸地区的影响. 海洋开发与管理, (10): 68-71.

王慧, 刘克修, 范文静, 等. 2013. 渤海西部海平面资料均一性订正及变化特征. 海洋通报, 32(3): 256-264.

王慧, 刘克修, 范文静, 等. 2017. 中国沿海增减水的变化特征及与海平面变化的关系. 海洋学报, 39(6): 10-20.

王慧, 刘秋林, 李欢, 等. 2018. 海平面变化研究进展. 海洋信息, 33(3): 19-25, 54.

王颖, 吴小根. 1995. 海平面上升与海滩侵蚀. 地理学报, 50(2): 118-127.

吴小根. 1997. 近 40a 来海南岛南岸的相对海平面变化. 海洋科学, (1): 56-59.

Qiu S J. 1990. Recent tendency to relative sea level changes along Hainan Island. Tropical Geomorphology, 11(2): 5-8.

Wang H, Liu K X, Gao Z G, et al. 2017. Characteristics and possible causes of the seasonal sea level anomaly along the South China Sea coast. Acta Oceanologica Sinca, 36(1): 9-16.

第 3 章　海南岛沿岸海岸侵蚀监测评价

3.1　海岸侵蚀现场调查

海南省自 2011 年开始对海南岛沿岸海岸侵蚀情况进行现场调查，通过对海岸线现场调查，选取侵蚀明显且受人为影响较小的岸段每年进行持续监测以掌握其侵蚀变化情况。多年的现场调查发现，海南岛沿岸有多处岸段有海岸侵蚀现象，沿海 12 个市、县均有分布。

3.1.1　海口市侵蚀岸线调查

1. 海口市西海岸侵蚀岸线调查

2011 年，在经历 3 个热带气旋影响之后，海口市西海岸一带沿岸遭受较大破坏，多处堤防、护岸受损，其中观海台处新建的护栏被打坏约 30m（图 3-1）。2014 年 11 月海口市西海岸调查路线为：从西岬角南港码头东侧起，至贵族游艇会结束。调查发现，由于受两个台风影响，自然岸段表现为明显的侵蚀后退，人工岸线损毁严重。与前两年的调查对比，部分岸线有较明显的后退。位于海口市假日海滩西侧的贵族游艇会后方原来临海侧有绿化带，有沙滩，经历台风后，绿化带消失殆尽，前方修建护堤后，填沙石平整，护堤外侧沙滩全部被海水淹没，岸线向海推进。调查结果见图 3-2 和图 3-3。

图 3-1　西海岸观海台受损的护岸（2011 年）　　图 3-2　贵族游艇会后方西侧岸段（2013 年）

图 3-3　修建人工护堤造成岸线向海推进（2014 年）

2012 年海南新国宾馆、海口喜来登酒店后方沿海所建的防浪墙，对岸边起到了较好的防护作用，2013 年与 2012 年对比基本没有变化，但 2014 年两次台风过后，防浪墙外侧的沙滩消失，内侧岸上地面毁坏严重。调查结果见图 3-4 和图 3-5。在五源河口东侧的黄金海岸花园后方，自然岸线在 1409 号"威马逊"台风过后出现明显后退，海岸出现 1m 多高的陡坎。

图 3-4　海南新国宾馆后方沿海（2011 年）　　图 3-5　1415 号"海鸥"台风过后新国宾馆后方沿海破损不堪（2014 年）

在金色阳光温泉度假酒店向海侧岸边，中国电信设立的海底光缆标志附近岸线侵蚀后退明显，2011 年该标志在岸边护岸上，2012 年护岸后方遭侵蚀后退部分用沙袋加固，2013 年标志的水泥护岸及底座已被毁坏，后方岸线已后退至酒店绿化区，为防止海水进一步侵蚀，酒店在沙滩上修建了一条简易挡浪墙，2014 年调查时发现标志已立在海里，其后面新建有一条护堤，护堤内的陆域明显经过重新填补，与之前截然不同。2016 年中国电信海底光缆标志处新建护堤部分再次受损。调查结果见图 3-6 和图 3-7。

图 3-6　金色阳光温泉度假酒店沿海部分设施受损　　图 3-7　中国电信海底光缆标志处护堤部分受损（2016 年）

2020 年调查时发现，海口喜来登酒店和海南新国宾馆北面靠海边 600m 长的岸线出现了一定程度的海岸侵蚀，岸段正前方修筑了 500m 长的简易挡浪堤，向北 2km 处为填海形成的南海明珠人工岛。对比 2016 年 8 月和 2020 年 6 月的遥感图可以看出，2016 年该岸段外围有 30m 的沙滩，2020 年海水基本已到达护岸边。

调查结果见图 3-8 和图 3-9。

图 3-8　未修护堤的受侵蚀沙滩岸段（2020 年）　　图 3-9　被海浪完全破坏的护堤（2020 年）

在长滨北五路至长滨北七路之间的 850m 岸段，长滨北五路末端路面塌陷、毁坏严重，沿岸的树木和基础设施也遭到破坏。调查结果见图 3-10 和图 3-11。

 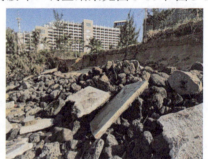

图 3-10　长滨北五路末端路面塌陷、毁坏严重（2020 年）　　图 3-11　金色阳光温泉度假酒店附近毁坏的岸边设施（2020 年）

2. 海口市东海岸侵蚀岸线调查

从 2012 年起对海口市东海岸进行岸线调查，2015 年 10 月在该岸段约 10km 长的岸线设立了 4 个侵蚀监测桩，2016 年调查时这些监测桩保存完好，2015 年西海岸金色阳光温泉度假酒店后方中国电信设立的海底光缆标志处护堤部分受损。调查结果见图 3-12。

图 3-12　靠海侧一处房子受损，酒店外侧护堤损毁（2016 年）

海口市东海岸被誉为"十里金滩",调查岸段位于如意岛围填海项目的对面海岸,鲁能海蓝椰风位于海口市东海岸的南渡江入海口东侧,北望琼州海峡,东接东营河。2019 年调查时发现,鲁能海蓝椰风附近岸段侵蚀明显,沿岸护堤损毁严重,护堤碎石散落在沿岸沙滩上。2020 年调查时发现,在鲁能海蓝椰风北面岸段,东营河口以西约 300m 长的片石护岸损坏殆尽。调查结果见图 3-13 和图 3-14。

图 3-13　鲁能海蓝椰风景观石的基座部分被掏空,水泥地面已被破坏(2020 年)　　图 3-14　300m 长的片石护岸损坏殆尽(2020 年)

据了解,为了应对几个岸段出现的海岸侵蚀,2020 年海口市计划在年底到 2021 年开展西海岸生态整治与修复项目和东海岸如意岛围填海海洋生态修复工程项目。其中,西海岸生态整治与修复项目包括修复岸线 1000m,拟开展沙滩修复、烂尾码头平台拆除及海堤生态化建设等;东海岸如意岛围填海海洋生态修复工程项目包括岸滩修复工程补沙长度 1km、护岸修复工程 375m,总投资 4083.47 万元。

3.1.2　文昌市侵蚀岸线调查

1. 文昌市海南角岸段和翁田镇岸段侵蚀岸线调查

2014 年对文昌市铺前镇的海南角岸段和锦心角东侧的翁田镇岸段进行了岸线测量,外业调查小组和测量任务承担单位技术人员共同对这两段岸线进行了调查测量。2016 年海南角岸段华能风电厂电机底部有 2m 多高的陡坎,部分保护电机底座的护堤也有损坏,该处 2015 年设立的两个监测桩保存完好(图 3-15)。由

图 3-15　海南角处监测桩保存完好(2016 年)

于 2015～2016 年热带气旋影响不大，翁田镇岸段岸线变化不大，大部分岸线沙坎上已长出野生植被，该处 2015 年设立的两个监测桩未能完好保存。

2. 文昌市东郊椰林岸段侵蚀岸线调查

位于文昌市东郊椰林的椰林湾原称邦塘湾，该岸段过去几十年海岸侵蚀较为严重，调查主要在海上休闲度假中心围填海项目的东南面海岸开展。2017 年 9 月 5 日调查时发现，该岸段侵蚀造成沿岸椰子树林损坏（图 3-16），部分岸段修建有 2～3km 长的护堤，有护堤处沙滩消失，海水上侵至护堤根部（图 3-17）。

图 3-16　文昌市椰林湾椰子树林受损严重（2017 年）　　图 3-17　修建护堤岸段（2017 年）

2017 年 12 月 23 日，中央第四环境保护督察组向海南省反馈督察意见，其中就涉及该地区，后根据国家海洋督察反馈意见，2019 年 6 月海南省文昌市结合实际，制定了《文昌市贯彻落实国家海洋督察组督察反馈意见整改方案》，其中文昌市椰林湾海上休闲度假中心围填海项目生态环境整治修复包括清淤工程、拦沙堤（岛基）工程、水下沙坝工程、固沙丁坝群工程、沙滩补沙工程和海洋生态系统修复工程等。

2020 年调查时发现，该岸段已建成了 7 段由大型沙袋组成的固沙丁坝，该丁坝在涨潮时可被淹没，形成透水式丁坝，可将一部分水流挑离岸边，起控导水流作用，使岸滩不受来流直接冲蚀而产生淘刷破坏，另一部分海水透过丁坝流向前方，减缓流速，使泥沙沉积，有缓流落淤效果，达到了保护海岸的目的（图 3-18）。

图 3-18　促进岸边淤积形成新的海滩，阻碍和削弱斜向波和沿岸流对海岸的侵蚀作用的丁坝群（2020 年）

3. 文昌市高隆湾岸段侵蚀岸线调查

高隆湾位于海南省文昌市清澜湾口西侧，毗邻文昌市政府新址，是海南省著名旅游风景区之一，也是海南省三大城市湾区之一。高隆湾面临浩瀚南海，风平浪缓，水洁沙白，海岸椰林成带，风景秀丽，四季常春，水温宜人。

2020 年在高隆湾南部湾底区域开展调查，在北面的湾边，抛了不少片石在岸边，大概长 250m，以阻止海浪和其他破坏，在宇诚椰风浪琴后方靠海边处，原建的人工护岸已被彻底摧毁（图 3-19），所用的修建材料散落在海水里，护岸后方的绿化带红土层（图 3-20）在海浪的屡屡冲打下塌陷下来，形成一个个坑。伴随着绿化带的破坏，岸线已推至椰子树的跟前，目测被破坏的岸线有 120m 左右。

图 3-19　宇诚椰风浪琴后方原建的人工护岸已被彻底摧毁（2020 年）　　图 3-20　塌陷露出的红土（2020 年）

3.1.3　琼海市侵蚀岸线调查

1. 琼海市孟菜园岸段侵蚀岸线调查

琼海市孟菜园位于潭门渔港北偏东约 4.5km，沿海约 2km 岸线侵蚀后退严重，天然防风林树根裸露，沙滩上多棵树木倒地枯死，沙滩受冲刷露出基岩，附近一养殖房损毁无法使用（图 3-21 和图 3-22）。侵蚀岸段北侧为龙湾港填海造地项目，该处侵蚀是由填海造成水动力变化而引起的。该处侵蚀严重，附近有人工堆积石块，可减缓海水冲刷，2015 年埋设的两个侵蚀桩，其中一个被埋入乱石块下，另一个保存完好。

2018 年调查时该岸段出露的基岩受海水冲刷，大部分变成碎块。涨潮时，海平面距离旅游道路最近为 1m，为保护旅游公路路基的安全，公路靠海一侧填满碎石，2018 年实地调查时，该岸段监测桩已被损毁。

孟菜园岸段的填海工程龙湾港填海造地项目，已完成填海面积约 5hm^2，并修有长 700m 的非透水栈桥，自 2010 年以来该岸段侵蚀后退明显，海水侵入原海岸边的植被区，造成许多树木根部被掏空，成片枯死，基岩也受冲刷而裸露并开始破碎。修建在旁边的旅游公路也受到了影响,为了避免遭受破坏,相关部门已对公路向海一边的底基抛了大量的直径大约为 50cm 的片石,投放长度为 200m,有效地保障了公路的安全。其他岸段未见采取防护措施。

图 3-21　孟菜园岸段养殖房受损废弃(2016 年)　　图 3-22　树木根部被掏空,基岩受冲刷而
　　　　　　　　　　　　　　　　　　　　　　　　　　　　裸露并开始破碎的孟菜园岸段海岸(2020 年)

2. 琼海市博鳌镇岸段侵蚀岸线调查

在琼海市博鳌镇北侧约 6km 处,博鳌印象项目靠海一侧海岸线侵蚀后退严重,该岸段东北面 500m 为琼海市潭门填海造地(人工岛)工程项目,该项目处于停工状态。2016 年调查时发现,该处沿岸有约 70cm 的陡坎(图 3-23),树根裸露,岸边一处养殖房损毁,两个监测桩保存完好。该处岸段北侧为琼海市珊瑚岛造地项目,该项目位于潭门港出海口南侧 3km 离岸 300m 的浅海中,面积约为 50 万 m^2,岛上规划建设主题广场、风情商业街、五星级酒店、住宅公寓、度假别墅、海景别墅、游艇码头、休闲港湾等各类滨海旅游设施,围岛护岸长约 4.01km,项目投资约 4.3 亿元。据当地居民介绍,在珊瑚岛项目建成后其南侧海岸出现强烈侵蚀。

2019 年博鳌珊瑚湾岸段和博鳌镇万泉河出海口岸段进行了人工岸线修复,该岸段的防波堤已建设完成(图 3-24),侵蚀现象得到遏制,原先用于监测博鳌珊瑚湾岸段的监测桩保存完好。

图 3-23　博鳌镇北侧博鳌印象外侧海岸　　　　图 3-24　博鳌珊瑚湾岸段(2019 年)
　　　　　侵蚀陡坎(2016 年)

2020 年调查时发现，该岸段修建了 400m 长的混凝土护岸（图 3-25），北边连接处的海边进行了 120m 长的抛片石处理，基本扼住了海浪的影响。2021 年琼海市政府在琼海市潭门填海造地（人工岛）工程项目附近海域开展生态保护修复工作，包括修复自然岸线和修建固沙丁坝、生态护岸、消浪潜堤，以及清淤疏浚和人工补沙等，较好地改善了该区域的海洋生态环境。

图 3-25　博鳌珊瑚湾酒店后方岸段的混凝土护岸（2020 年）

博鳌镇万泉河出海口北侧侵蚀严重，该处原有的宽阔沙滩消失，为保护岸上设施及道路，2015 年新建了防波堤，2016 年 1621 号强台风"莎莉嘉"登陆海南岛，台风过后，该河口处受冲刷后侵蚀严重，水泥护堤后方绿化带被淘蚀，岸上景观亭底部水泥地面出现裂缝。河口岸上一妈祖庙门前受冲蚀，海岸已后退至庙前不到 10m 的地方，之前庙前的一个小湖及小湖前方的一片木麻黄防风林已完全消失。据驻庙僧人介绍，为了保护小庙，当地政府投入约 50 万元在庙门前修建了一段长约 50m 的护岸。2016 年调查结果见图 3-26 和图 3-27。2020 年调查时发现，该岸段已修建 10m 高的混凝土护岸，将原来受侵蚀的区域围起，在其中恢复原有的沙土，阻止了海浪的冲刷（图 3-28 和图 3-29）。

图 3-26　博鳌镇万泉河出海口北侧绿化带　　图 3-27　博鳌镇海边妈祖庙前方新修的护岸
　　　　受损，人行道下方被淘蚀（2016 年）　　　　　　　　　　（2016 年）

图 3-28　博鳌镇万泉河出海口北侧（2017 年）　　图 3-29　博鳌镇万泉河出海口以北岸段已修建了混凝土护岸（2020 年）

3.1.4　万宁市侵蚀岸线调查

1. 万宁市日月湾岸段侵蚀岸线调查

日月湾位于万宁市西南约 25km 处，是个半月形的海湾，海湾沙滩洁白松软细柔，海面风平浪静，海水湛蓝清澈，适宜游泳，是万宁市新开发建设的旅游度假胜地，也是中国著名的冲浪胜地。日月湾南侧有日岛围填海项目，调查发现，项目南侧沙滩出现明显侵蚀，部分岸线已后退到沿海修建的简易水泥道路旁，为保护道路，该段修建了人工抛石护岸（图 3-30），沙滩窄而浅，另一段沙滩上有 40～50cm 高的沙坎（图 3-31）。

图 3-30　日月湾人工抛石护岸（2016 年）　　图 3-31　日月湾沙滩上的沙坎（2016 年）

2017 年 12 月 23 日，中央第四环境保护督察组向海南省反馈督察意见，其中涉及万宁市日月湾填海工程，意见反映日月湾周边岸滩已出现大面积淤积并形成了连岛沙坝和淤积区域，周边的岸滩发生侵蚀，极大地破坏了海洋自然风貌。2018 年 1 月 5 日，万宁市生态环境保护局牵头海洋、国土、住建等部门开展联合执法行动，叫停了日岛项目在建楼房及有关营业活动，并要求业主单位立即拆除施工架等施工设施，切实落实省委、省政府"双暂停"（暂停建设、暂停营业）工作部署，并对周边区域受损的海洋生态环境和自然风貌进行修复。

2020 年调查时发现，该区域正在开展岸滩整治修复的人工补沙工作，将原来的连岛沙坝和淤积区的海砂挖掉，车运补到发生侵蚀的岸段，并在南北两头修筑完成了两条拦沙堤，根据修复计划，准备在东南面修建 10 道（每道长 110m）离岸堤，总计大约 1km。调查结果见图 3-32 和图 3-33。

图 3-32　补沙后在海浪的作用下，形成的沙坎（2020 年）　　图 3-33　为了减弱海浪的作用，公路的东北临海处堆满直径约 1m 的块石（2020 年）

2. 万宁市春园湾岸段侵蚀岸线调查

春园湾位于万宁市万城镇东 12km 处，东面是省级自然保护区大花角，东南面是"海南第一岛"——大洲岛，北面是"海南岛第一潟湖"——万宁小海。沿岸五岭横陈，岭间形成 3 个新月形海湾，春园湾位于中间，东有大长岭，西有乌场岭，南有甘蔗岛，北靠小海。春园湾海岸线长约 4km，海湾海域面积近 2.5km^2。这里岸滩宽度适中，滩坡平缓，砂质洁净，透明度达 15m，是开展综合性海上活动的理想场所。春园湾岸上之前有过酒店开发，但现已废弃，整个湾内海岸均呈明显侵蚀状态，岸边陡坎高达 3～4m。2015 年在该处埋设了两个海岸侵蚀监测桩，现保存完好。调查结果见图 3-34。

图 3-34　春园湾侵蚀陡坎（2016 年）

3.1.5 陵水黎族自治县侵蚀岸线调查

1. 陵水黎族自治县香水湾岸段侵蚀岸线调查

香水湾位于陵水黎族自治县东部光坡镇,距县城约20km,位于该处的中信香水湾项目总占地面积约28万m^2,投资83 587万元,总建筑面积为5.21万m^2,主要由五星级酒店、内海别墅、度假公寓、景观别墅等组成。项目建设时间为2011年10月至2014年10月。该项目靠海一侧侵蚀严重,酒店绿化带、道路台阶及休闲旅游设施在沙滩受冲刷后损毁,岸边出现几十厘米到1m多高的陡坎。调查结果见图3-35和图3-36。

图3-35 中信香水湾酒店外侧岸边休闲设施受损(2016年)   图3-36 中信香水湾酒店外侧岸边侵蚀陡坎(2016年)

2. 陵水黎族自治县猴岛岸段侵蚀岸线调查

猴岛位于陵水黎族自治县新村镇南湾半岛,西、南两面临南海,北面为内海,东北部连接陵水黎族自治县陆地,是我国也是世界上唯一的岛屿型猕猴自然保护区。天朗度假酒店位于南湾半岛上,岸边是成片的木麻黄防风林,防风林是该酒店的拍摄基地,建设有景观平台等海边设施,往东是通往呆呆岛旅游区的马路。沿海附近常年经受海浪冲击,沿岸1km侵蚀严重,沿岸树木损毁。2018年调查时发现,酒店自建泳池被毁,栈道底部砂石被掏空,部分防护堤已损坏,已经严重影响沿岸的建筑物,猴岛沿海道路附近的树木已裸露根部,道路护堤砂土被侵蚀,道路主干道已受严重影响,调查结果见图3-37和图3-38。2020年调查时发现,

图3-37 被海浪毁坏的防护堤(2018年)   图3-38 被严重侵蚀的植被(2018年)

修建的护堤等海岸设施被破坏，海岸线往前推进，原本修建在陆地上的很多构筑物已分布到海水中，海岸侵蚀现象明显，调查结果见图 3-39 和图 3-40。

图 3-39　原固定在沙滩上的秋千，由于海岸线的推进，现已处于海水中（2020 年）　　图 3-40　酒店修筑的护堤等海岸设施已被破坏，海浪将已损岸堤后方的沙子不断掏空，最终形成新的水域，使海岸线向前推进（2020 年）

3.1.6　三亚市侵蚀岸线调查

1. 三亚市三亚湾岸段侵蚀岸线调查

2012 年 10 月 17 日，国家海洋信息中心海平面工作组到海南省进行调研时，与海南省海洋监测预报中心人员一起对三亚湾进行了现场调查，当时经过补沙，三亚湾沙滩只有小部分受侵蚀痕迹，整个沙滩整洁完整，沙滩景观环境得到极大改善。10 月 27~28 日，1223 号强台风"山神"从三亚市以南 100 多千米海域经过，台风引发的浪潮对三亚湾造成了较大影响。10 月 30 日，海南省海洋监测预报中心海洋灾害调查组对三亚湾进行调查时发现，三亚湾被海水洗荡一空，岸线再遭侵蚀而后退，补给的沙全部被冲走。由此看来，利用补沙治理侵蚀，效果难如人意。调查结果见图 3-41 和图 3-42。

图 3-41　1223 号强台风"山神"影响前三亚湾沙滩（2012 年）　　图 3-42　1223 号强台风"山神"影响后三亚湾沙滩（2012 年）

三亚湾于 2014 年年底时进行补沙,沙滩宽阔整洁。2016 年 1 月沙滩基本保持,9 月调查时发现沙滩中部出现 20~30cm 的沙坎,种植的绿植受冲刷而后退,10 月 18 日 1621 号强台风"莎莉嘉"登陆万宁市沿海,三亚湾受到一定影响,11 月再到三亚湾调查时发现沙坎已经到了椰树根部,沙滩上的绿植大多数被冲毁消失。调查结果见图 3-43~图 3-46。

图 3-43 三亚湾沙滩宽阔平缓(2016 年 1 月)　图 3-44 三亚湾沙滩中部植被前方的冲蚀痕迹(2016 年 9 月)

图 3-45 三亚湾西侧侵蚀陡坎(2016 年 9 月)　图 3-46 三亚湾沙滩沙坎后移(2016 年 11 月)

2017 年受台风影响,三亚湾东侧受损不大,但西侧受损严重,岸边基础设施损毁,沙滩上补种的绿植被冲毁,部分岸段潮水冲刷至岸上十多米,路边绿化带受损。2017 年 9 月三亚市海洋与渔业局在沙滩补种的绿植中设立的海岸线标志碑被冲毁。调查结果见图 3-47~图 3-50。

图 3-47 三亚湾 2015 年补沙后沙滩上种植的绿植(2017 年 9 月)　图 3-48 三亚湾沙滩植被被冲毁(2017 年 9 月)

图 3-49　三亚湾绿化带受损（2017 年 9 月）　　图 3-50　三亚市海洋与渔业局设立的海岸线标志碑被冲毁（2017 年 9 月）

2018 年，三亚湾东侧受损较小，西侧受损严重，岸边基础设施损毁，沙滩上补种的绿植被冲毁，部分岸段潮水冲刷至岸上十多米，路边绿化带受损。三亚市海洋与渔业局在沙滩补种的绿植中设立的海岸线标志碑被冲毁。调查结果见图 3-51～图 3-53。

图 3-51　三亚湾沙滩植被被冲毁、形成陡坎（2018 年）　　图 3-52　三亚湾被冲毁的建筑（2018 年）

图 3-53　三亚湾沙滩植被被冲毁（2018 年）

2. 三亚市亚龙湾岸段侵蚀岸线调查

亚龙湾西部出现六七米高的悬崖式陡坎，沙滩底部基岩裸露，树木倒下跌下陡坎，沿海酒店后方沙滩出现四五米高的陡坎，部分设施受损。调查结果见图 3-54 和图 3-55。

图 3-54　亚龙湾金茂三亚丽思卡尔顿酒店西侧别墅区沿海（2016 年）

图 3-55　亚龙湾金茂三亚丽思卡尔顿酒店前方沿海（2016 年）

2017 年亚龙湾西部的陡坎继续后移，金茂三亚丽思卡尔顿酒店前方沙滩上埋设的水泥框架完全出露，岸上绿化及道路损毁，岸边卫生间房子呈半悬空状态。该岸段两个海岸侵蚀监测桩保存完好。亚龙湾东侧沙滩常年游客密集，受台风影响，该处海底世界码头东侧岸上的一排房屋损毁严重，已停止营业，码头西侧岸上设施损毁严重，由于游客众多，台风过后尽快进行了部分修复。2019 年调查时发现，亚龙湾海底世界码头东侧岸上建筑彻底被摧毁。调查结果见图 3-56～图 3-59。

图 3-56　亚龙湾金茂三亚丽思卡尔顿酒店前方沿海受损（2017 年）

图 3-57　亚龙湾金茂三亚丽思卡尔顿酒店附近岸线道路损毁（2017 年）

图 3-58　亚龙湾西侧监测桩（2017 年）

图 3-59　亚龙湾海底世界码头西侧新修建的通道和护岸（2017 年）

2018 年后亚龙湾西部的陡坎继续后移，形成梯度陡坎，陡坎高度持续增大，岸上绿化及道路损毁，岸边卫生间房子呈半悬空状态。该岸段两个海岸侵蚀监测桩保存完好。亚龙湾东侧沙滩常年游客密集，受常年侵蚀影响，亚龙湾海底世界沙滩长度逐年缩短。2019 年和 2020 年调查时发现，该处陡坎继续后退，涨潮时海水已淹至陡坎下方，海浪不断冲刷沙坎底部。调查结果见图 3-60～图 3-63。

图 3-60　亚龙湾金茂三亚丽思卡尔顿酒店前方沿海（2018 年）

图 3-61　2017 年、2018 年亚龙湾金茂三亚丽思卡尔顿酒店前方岸线房屋侵蚀对比

图 3-62　亚龙湾金茂三亚丽思卡尔顿酒店前方沙坎上水泥板摇摇欲坠（2019 年）　　图 3-63　亚龙湾西侧海岸边形成的陡坎（2020 年）

3. 三亚市红塘湾岸段侵蚀岸线调查

红塘湾位于三亚市西侧的天涯区，红塘湾旅游度假区有三亚市罕见的 3.3km 纯生态静海，是三亚市最后一片湾区净土，国家 5A 景区环绕，三面环山，东临天涯海角，西接南山、大洞天和小洞天，南部面向广阔南海，与西岛隔海相望。由于交通便利，三亚市新机场选址红塘湾，将建成集免税区、会展会议、酒店商业于一体的临空旅游产业园。依据规划，新机场将在红塘湾外海填海造地建成，为监测填海等对岸线的影响，2017 年选取该处进行岸线测量，调查发现该岸段已有不同的侵蚀，部分岸段沙坎高度近 1m，天涯区有 4 条街道直通海边沙滩，受 2017 年 1719 号强台风"杜苏芮"的影响，海边连接 4 条街道与沙滩的水泥台阶全部被海浪打毁。调查结果见图 3-64 和图 3-65。

图 3-64 红塘湾沙坎（2017 年）　　图 3-65 红塘湾天涯区沿海 4 条街道通向海边的台阶被打坏（2017 年）

2018 年调查发现，红塘湾有 2 处岸段存在海岸侵蚀现象，分别是太平洋石油码头东侧至新机场一期工程一号栈桥东侧约 70m 岸段，侵蚀岸线长度为 1.2km；担油港出海口东侧至海上巴士码头西侧岸段，侵蚀岸线长度为 3km。红塘湾机场引桥附近两侧侵蚀严重，侵蚀沙坎高度接近 4m。2019 年和 2020 年调查时发现，该处侵蚀进一步加剧，岸滩受冲刷露出底层基岩。调查结果见图 3-66 和图 3-67。

图 3-66 红塘湾正在坍塌的陡坎（2020 年）　图 3-67 红塘湾受冲刷露出基岩的岸滩（2020 年）

3.1.7 乐东黎族自治县侵蚀岸线调查

1. 乐东黎族自治县海滨村岸段侵蚀岸线调查

海滨村位于乐东黎族自治县尖峰镇沿海。根据乐东黎族自治县海洋与渔业局上报的资料，海滨村遭受侵蚀严重，由海洋部门修建的防波堤基本上因台风的影响已被损坏。调查队于 2012 年 11 月 1 日前往海滨村进行调查，发现沿海村民的房屋紧临大海，沿岸破烂不堪，部分房屋墙壁只剩一半。据当地居民介绍，现濒临海边的民房，几年前距离海边 200 多米，海边有宽阔的沙滩，由于受到海水冲刷，沙滩已不复存在。2011 年台风影响期间，沿海数间民房被打毁。2012 年调查时恰逢 1223 号强台风"山神"影响刚刚结束，据当地居民介绍，这次台风影响期间，由于受到在建防波堤的防护，港内风浪不大，沿岸基本未受影响。

从当地海洋与渔业局工作人员了解到，海滨村外海在建的是乐东岭头国家一级渔港（图 3-68）。2009 年 12 月，乐东岭头国家一级渔港开始建设，总投资 3000 多万元，项目规划港内水域面积为 40.8 万 m^2，港区陆域面积约 17 万 m^2，南、西防波堤共 1345m，渔业码头岸线长 400m。虽然渔港还未建成，但已建的外围防波堤正好将滨海村环绕，有效保护了沿海房屋等设施的安全。

图 3-68　在建的乐东岭头国家一级渔港（2012 年）

2. 乐东黎族自治县龙栖湾村岸段侵蚀岸线调查

龙栖湾村位于乐东黎族自治县九所镇龙栖湾沿海。龙栖湾为向西南敞开的海湾，常年受东南向浪、南向浪及西南向浪的作用，其中东南向浪和南向浪为常浪向。龙栖湾海岸常年受东南向浪和南向浪的作用而侵蚀后退。同时，该岸段位于北部湾潮流区内，近岸区的潮流较强烈，根据实测的近岸区潮流资料，近岸区的最大流速可达到 138cm/s，波浪掀沙后强烈的潮流可迅速将泥沙搬运至离岸较远的地方，因此龙栖湾村岸段遭受强烈的侵蚀而后退，受影响岸线长度为 2～3km。《2007 年中国海平面公报》指出，龙栖湾村附近海岸在 11 年内后退了 200 余米，海岸侵蚀情况相当严重。

2012年11月9日，调查队来到龙栖湾村调查。该村落傍海而建，据当地居民介绍，附近岸线后退严重，近几年后退了四五十米，临海房屋受到很大威胁。2011年台风影响期间，沿海数间房屋被损坏。目前村落周边正在进行开发建设，根据乐东黎族自治县海洋与渔业局的资料，目前在建的是龙栖湾国际康乐度假庄园岸滩整治及海上配套项目，其中的乐东黎族自治县龙栖湾环境综合整治工程拟在沿岸修建北护岸1601m、南护岸586m，在龙栖湾南北两端各修建长度分别为250m和350m的拦沙堤，以修复龙栖湾海岸线，并对龙栖湾海岸环境进行综合整治。实施龙栖湾环境综合整治工程，将有效遏制龙栖湾海滩的侵蚀后退，龙栖湾海滩的原有陆域及自然景观将得以修复和改善，龙栖湾沿岸居民的生命财产将得以保护。

2017年调查时，乐东黎族自治县龙栖湾村已整体拆迁，原有的海边村落被夷为平地，全部居民搬进了附近的几栋安置楼里。整片被开发为波波利海岸地产项目，该项目平整了临海地块，沿海绿化并修建了休闲娱乐的观海平台、木栈道等基础设施。2017年9月的1719号强台风"杜苏芮"影响过后，该处海岸受侵蚀严重，岸边出现高约60cm的沙坎，观海平台底部悬空破损，木栈道部分半悬空，部分被冲毁，绿化带受损严重。2018年调查发现，该处岸线经过人工补沙作业，侵蚀现象已得到缓解。调查结果见图3-69～图3-72。

图3-69　龙栖湾护堤后方陆域五六米外被冲毁（2017年）

图3-70　岸上绿化带被冲坏，岸线后退（2017年）

图3-71　龙栖湾在建的防波堤（2017年）

图3-72　经人工补沙后的龙栖湾护堤（2018年）

3. 乐东黎族自治县莺歌海镇岸段侵蚀岸线调查

乐东黎族自治县莺歌海镇位于海南岛西南部，西面和南面环海，面临北部湾，与越南隔海相望，北靠南方最大的莺歌海盐场。莺歌海镇是个渔业镇，有造船、织网、维修、海产品加工、冷藏、运输等行业。莺歌海盐场是海南岛最大的海盐场，在华南地区也是首屈一指。

2016 年调查时发现，乐东黎族自治县莺歌海镇海湾存在较为严重的岸滩侵蚀现象，特别是在 2012 年后项目区北部修建海南国电西部电厂工程项目配套海上防波堤和栈桥设施后，莺歌海（三莺村段）岸滩侵蚀现象更为严重，岸滩侵蚀后退最大距离达 50m，形成陡坎滩肩，由于莺歌海镇沿岸修建有很多民屋和公共建筑，部分建筑离陡坎处仅不足 5m，岸滩侵蚀后退已经严重威胁当地民众生命和财产的安全。几年的时间，沿海防风林多数被损毁，沙滩消失，镇北侧一处领海基点标志处，沙坎已蚀退至距离标志四五米，自 2010 年至今，镇派出所向海侧前方海岸线后退约 100m，海水已经到达其办公楼不到 10m 的地方。

为改善民生环境、保护海洋生态环境，当地政府启动了乐东黎族自治县莺歌海镇（三莺村段）岸滩整治修复项目。该项目计划修复岸线 1200m，项目总投资 10 086 万元，项目建设资金拟采用 2016 年中央分成海域使用金 9876 万元，以及地方财政配套资金 210 万元，主要建设有：北拦沙堤长 276m；离岸堤总长 630m，分三段布置，其中离岸堤 1 长 208m，离岸堤 2 长 210m，离岸堤 3 长 212m；人工补沙干滩宽 40～90m，干滩面积为 6.28hm^2，补沙量为 36 万 m^3；滩面植被区面积为 0.73hm^2；滩面景观步行木栈道长 440m；滨海公共亲水广场建设区面积为 2.53hm^2。调查结果见图 3-73 和图 3-74。

图 3-73　莺歌海镇西侧沿海（2016 年）　　图 3-74　莺歌海镇北侧岸边领海基点（2016 年）

3.1.8　东方市侵蚀岸线调查

1. 东方市新龙镇岸段侵蚀岸线调查

新龙镇位于东方市南部约 20km 处，是海南省降雨量最少的地方，年降雨量不到 700mm，主要发展布局分为"三区三基地"。"三区"即海水养殖区、沙滩大西瓜区、海洋捕捞区；"三基地"即热带高效农业基地、养牛基地、林业基地。

2016年现场调查发现，东方市新龙镇新村沿海侵蚀明显，海边有六七十厘米的陡坎，部分房屋位于陡坎边缘。据当地居民介绍，十多年前，海岸线在100m开外的地方。2020年调查时发现，该处岸段侵蚀加剧，岸上形成60~150cm的侵蚀陡坎，沿岸房屋倒塌，植被受到严重破坏，当地居民生活生产活动受到严重威胁。调查结果见图3-75和图3-76。

图3-75　新龙镇新村侵蚀陡坎（2016年）　　图3-76　新龙镇新村一处房屋被冲毁（2020年）

2. 东方市华能东方电厂岸段侵蚀岸线调查

华能东方电厂位于海南省东方市小洲工业开发区，规划建设4台35万kW超临界燃煤发电机组，是海南省首座超临界燃煤发电厂，工程同步配套建设一个5万t级的电煤专用码头和烟气脱硫、脱硝装置，是海南省首个同步安装烟气脱硫、脱硝设施的火电工程，工程建设始于2007年，2009年12月全部投产发电。2017年调查时发现，华能东方电厂南侧岸段沙坎高度为60~150cm，沿岸矗立着一排风力发电机，由于岸线侵蚀后退，部分电机底座位于岸滩上，为了保护底座，环绕底座修建有水泥护岸，调查时发现多个底座被打出大洞，里面的沙土被淘蚀，严重威胁电机底座的安全。2018年调查时发现，华能东方电厂沿岸风力发电机南侧岸段沙坎高度为150~300cm，由于岸线侵蚀后退，沿岸道路被损坏，防风林植被遭到破坏，部分风力发电机底座遭到侵蚀掏空，对风力发电机的运行造成严重的安全隐患，为了保护底座，在风力发电机底座修建钢筋水泥护岸。2020年调查时发现，受破坏的电机底座得到加固，周边侵蚀状况依然存在并有加剧趋势。调查结果见图3-77~图3-80。

图3-77　沙坎上方的木麻黄林随着岸线后退　　图3-78　电机底座下的侵蚀陡坎（2019年）
　　　　逐渐减少（2017年）

图 3-79　东方华能电厂南侧沙坎（2019 年）　　图 3-80　东方华能电厂南侧岸边受损的防风林（2019 年）

3. 东方市鱼鳞洲自然风景保护区岸段侵蚀岸线调查

鱼鳞洲自然风景保护区位于东方市八所镇西南的海滩上，早在清朝康熙年间就被列为海南风景名胜之一。鱼鳞洲一面连着陆地，三面环海，地形是一座裸露着岩石的丘陵，由于岩石长得重重叠叠，阳光折射后灿灿生辉状似鱼鳞，故得"鱼鳞洲"之名。2017 年调查发现，鱼鳞洲的小山头由于风蚀加海蚀不断有石块坠落下来，山体已经减小了许多，前几年平坦宽阔的沙滩已变窄变陡，由于不断受海水冲刷，沙滩中部出现 1m 多高的沙坎。调查结果见图 3-81 和图 3-82。

图 3-81　鱼鳞洲自然风景保护区沙滩上的陡坎（2017 年）　　图 3-82　鱼鳞洲自然风景保护区沙滩上大量沙子被冲蚀，沙坎达一人多高（2017 年）

3.1.9　昌江黎族自治县侵蚀岸线调查

1. 昌江黎族自治县海尾国家湿地公园岸段侵蚀岸线调查

海尾国家湿地公园位于海南省昌江黎族自治县的海尾镇石港塘湿地范围内，公园面积为 4448 亩①，其地貌类型为平原和海岸沙滩。区域范围内没有较大河流，地面水主要有鸡沟田水沟，雨季可汇集周边数十平方千米的雨水，湿地有沼泽湿地和滨海湿地等，湿地植被覆盖度不低于 80%，是海南省少有的保护较好的湿地，也是海南省比较稀缺的内陆淡水沼泽湿地，区域内的旅游资源比较丰富，是生态

---

① 1 亩≈666.7m^2。

旅游、观光、休闲、科普教育的理想去处。由于接近海边，地下水极为丰富。

2016年调查时发现，海尾国家湿地公园沿海一侧侵蚀严重，该岸段为砂质自然岸线，岸上有天然木麻黄防风林，公园外侧长约3km的岸线均出现1m多高的侵蚀陡坎。2017年调查时，海尾国家湿地公园沿海约3km长的岸段均有明显沙坎，部分岸段沙坎高1m以上，沙滩上不时有倒下的木麻黄树。调查结果见图3-83和图3-84。

图3-83　海尾国家湿地公园西侧沿海侵蚀沙坎（2016年）　　图3-84　海尾国家湿地公园岸段侵蚀沙坎（2017年）

2. 昌江黎族自治县昌江核电厂岸段侵蚀岸线调查

昌江核电厂位于海南省昌江黎族自治县海尾镇塘兴村。昌江核电厂码头为突堤式向海突出。2016年调查时发现，核电厂码头南侧2～3km长的岸线出现明显侵蚀，部分岸段数十棵木麻黄树倒下，部分岸段沙坎高达1m以上。2017年调查时发现，原本埋设在沙滩里的养殖水井房，下半部裸露出来，进出水管也出露悬空。2018年调查时发现，原本埋设在沙滩里的养殖水井房，下半部进一步裸露出来，核电厂码头南侧岸段大批防风林损毁。调查结果见图3-85和图3-86。

图3-85　昌江核电厂码头南侧沿海侵蚀沙坎（2016年）　　图3-86　昌江核电厂码头南侧岸段大批损毁的防风林（2018年）

3. 昌江黎族自治县海尾镇进董村岸段侵蚀岸线调查

昌江黎族自治县海尾镇进董村位于海尾镇政府西南侧约5km处。2016年调查时发现,该岸段砂质岸线侵蚀明显,岸边有 1m 多高的沙坎,沙滩上防风林受损严重。2017 年调查时发现,由于不同潮位的海水冲蚀,沙滩上出现两层明显的沙坎。2018 年调查时发现,进董村岸段通过抛石来阻止岸线的进一步侵蚀后退。调查结果见图 3-87 和图 3-88。

图 3-87 进董村岸段侵蚀沙坎(2017 年)

图 3-88 进董村岸段通过抛石来阻止岸线的进一步侵蚀后退(2018 年)

3.1.10 儋州市侵蚀岸线调查

1. 儋州市白马井镇岸段侵蚀岸线调查

白马井镇位于儋州市的中北部,是儋州市滨海新区工作委员会驻地,距海口市 138km、三亚市 251km,全镇海岸线长 13.75km,西线高速公路贯穿镇内。"白马井"命名已有 2000 多年,建镇已有 90 多年。白马井镇辖区总面积为 73.5km^2,既是儋州市中北部经济文化中心,又是海南省的西部重镇之一。白马井镇辖区内还有海南省海洋渔业总公司基地。

白马井镇傍海而建,之前沿海有宽阔的沙滩,近几年随着跨海大桥的建成,以及海花岛填海项目的建设,白马井镇沿海岸线侵蚀严重,出现约 10m 的悬崖式陡坎,沙滩变窄变薄,沙滩上横躺干枯的木麻黄树,岸边部分设施被海水冲毁。调查结果见图 3-89~图 3-92。

图 3-89 白马井镇西侧沿海沙滩变窄,岸上有数米高的陡坎(2016 年)

图 3-90 白马井镇西侧沿岸木麻黄树根部被掏空(2016 年)

图 3-91　白马井镇南侧沙滩侵蚀陡坎（2018 年）　　图 3-92　白马井镇岸段裸露未完全风化的石层（2020 年）

2. 儋州市沙沟村岸段侵蚀岸线调查

沙沟村隶属于海南省儋州市排浦镇，西临北部湾，距镇区 4km。沙沟村的 400 多户群众，以海水养殖和种植甘蔗、西瓜等经济作物为主。2005 年，该村的甘蔗产量有 11 000 多吨，产值 250 多万元。沙沟村沿海基本为自然砂质岸线，受侵蚀明显，岸边有五六十厘米的侵蚀陡坎。调查结果见图 3-93。

图 3-93　沙沟村沿岸侵蚀陡坎（2016 年）

3.1.11　临高县龙豪村侵蚀岸线调查

临高县龙豪村位于临高角风景旅游区西侧约 2km 处，距离临高县城约 10km。村庄依海而建，向海侧有一条水泥村道，龙豪村所在处由于靠近海边，共有长约 1km 的道路被海水冲毁，破烂不堪，部分房屋院墙受损，一座位于沙滩上的房子底部一层已被掏空，已无法居住。调查结果见图 3-94 和图 3-95。

图 3-94　龙豪村沿海被冲毁的水泥道路（2016 年）　　图 3-95　龙豪村沿海沙滩上受损的房屋（2016 年）

3.1.12　澄迈县侵蚀岸线调查

1. 澄迈县桥头镇沙土村岸段侵蚀岸线调查

澄迈县桥头镇沙土村位于花场湾湾口西侧，距离澄迈老城约 20km，村庄向海而建，海边村道向海侧有明显的沙坎，北侧有 4～5m 的高崖陡坎。调查结果见图 3-96。

2. 澄迈县桥头镇包岸村岸段侵蚀岸线调查

澄迈县桥头镇包岸村距离澄迈老城约 30km，位于马袅湾湾口东侧，三面环海，距离镇区 6.4km。包岸村是一个历史悠久的渔村，村民主要以渔业为主导产业，80%的村民从事渔业养殖、捕捞产业。村西侧为自然岸段，天然木麻黄防风林生长茂盛，岸边有明显侵蚀，沿岸有 1～2m 的侵蚀陡坎，沙滩上有新种植的木麻黄小树苗。调查结果见图 3-97。

图 3-96　桥头镇沙土村沿海（2016 年）　　图 3-97　桥头镇包岸村沿海（2016 年）

3.2　海岸侵蚀监测与侵蚀强度评价内容和方法

2014 年开始，海南省根据现场调查情况，每年选取几处海岸侵蚀影响较为严重的岸段进行现场监测，监测内容主要为侵蚀岸段海岸线监测及岸滩断面高程监测。

3.2.1 监测内容

2014~2017 年，共在海南岛四周沿岸 19 处岸段进行了海岸侵蚀监测，测量岸线总长度为 69.57km，在其中 16 处岸段设立了海岸侵蚀监测桩，在每个监测桩附近设立了 3 个断面进行滩面下蚀监测。最终根据年度监测结果，对测量岸线及断面高程进行对比分析，计算分析各岸段海岸侵蚀速率、下蚀速率和侵蚀强度。海岸侵蚀监测岸段测量长度及监测桩编号见表 3-1。

表 3-1 海岸侵蚀监测岸段测量长度及监测桩编号表

岸段编号	岸段名称	岸段测量长度/km	监测桩编号	
HN1	海口市东海岸岸段	14.19	DHA1 DHA3	DHA2 DHA4
HN2	文昌市海南角岸段	3.42	HNJ1	HNJ2
HN3	文昌市翁田镇岸段	2.18	WT1	WT2
HN4	琼海市潭门镇龙湾港岸段	2.64	TM1	TM2
HN5	琼海市博鳌印象岸段	1.93	XP1	XP2
HN6	琼海市博鳌镇万泉河出海口岸段	3.34	—	
HN7	万宁市乌场岸段	1.95	CY1	CY2
HN8	三亚市红塘湾岸段	6.80	HT1	HT2
HN9	陵水黎族自治县香水湾岸段	3.12	HK1	HK2
HN10	三亚市亚龙湾岸段	4.09	YLW1	YLW3
HN11	东方市新龙镇新村岸段	3.14	XL1	XL2
HN12	昌江黎族自治县进董村岸段	2.84	JD1	JD2
HN13	昌江黎族自治县海尾国家湿地公园岸段	2.44	HW1	HW2
HN14	昌江黎族自治县昌江核电厂南侧岸段	2.55	HD1	HD2
HN15	儋州市沙沟村岸段	3.11	SG1	SG2
HN16	儋州市白马井镇岸段	2.96	BMJ1	BMJ2
HN17	澄迈县包岸村岸段	2.40	—	
HN18	东方市华能东方电厂南侧岸段	3.25	GP1	GP2
HN19	澄迈县沙土村岸段	3.22		

岸线测量总长度：69.57km

3.2.2 监测桩及断面布设

在选取测量的 16 处岸段设置了海岸侵蚀监测桩,共有 34 个,在每个监测桩附近进行 3 个沙滩断面的高程测量,以监测岸滩下蚀情况。海岸侵蚀监测桩位置分布见表 3-1。监测桩的选取首先在所测的海岸线的地形图上设计点位,然后实地踏勘核实地形、交通、气象等情况,并最终确定所选点位。监测桩点位布设在陆地上,距离最高高潮位有一定距离,与海岸线的距离不超过 1.5km;地基稳定、人类活动影响较小,周围有明显标志物,易于长期保存,有利于安全作业,目标明显;桩体埋深不小于 1m,桩体露出地面 10~30cm,确保桩体埋设稳固。

在监测桩向海垂直于海岸线方向设一条监测主断面,在监测主断面的两侧约 100m 的距离,各布设 1 条辅助断面进行地形监测。对于自然海岸线长度小于 100m 的岸段设置 1 条监测断面,自然海岸线长度为 100~300m 的岸段设置 2 条监测断面,自然海岸线长度大于 300m(包括 300m)的布设 3 条监测断面。

3.2.3 测量方法与设备

海岸侵蚀监测工作是在每段侵蚀岸段岸上布设两个监测桩作为监测标志,海岸线监测内容包括:海岸线与监测桩之间的距离、监测桩周边海岸线的位置、侵蚀陡坎拐点的位置和高度。岸滩断面监测范围为:向海至海图 0m 等深线附近,向陆至平均大潮高潮线附近。

1. 海岸线测量方法

现状岸线测量平面坐标采用 CGCS2000 坐标系,高程采用 1985 国家高程基准,使用中海达 V30-RTK 测量及照相机拍摄现场海岸线侵蚀情况。采用中海达 V30-RTK 登录 CORS 进行岸线测量,得到的坐标为 CGCS2000 坐标,高程为 WGS84 大地高程,为了更好地与历年数据比对海岸蚀退面积、岸滩下蚀高度及海岸侵蚀损失情况,由 CORS 终端从 WGS84 大地高程解算得到 1985 国家高程基准高程。岸线测量主要是测量海岸线的位置坐标及岸滩上的建筑物、构造物。海岸线测点间距不大于 50m,海岸线明显拐点必须测量,海岸线位置信息填入《岸线位置监测表》。

2. 监测桩测量方法

监测桩测量平面坐标采用 CGCS2000 坐标系,高程采用 1985 国家高程基准。监测桩桩顶高程测量按《国家三、四等水准测量规范》(GB/T 12898—2009)的技术要求进行,采用南方 DL201 电子水准仪设备施测。监测桩平面坐标采用中海达

V30-RTK 测量，登录 CORS 测量得到的坐标为 CGCS2000 坐标。以监测桩作为控制点，采用南方 DL201 电子水准仪和中海达 V30-RTK 进行断面测量，测量点间距不能大于 50m，地形明显起伏处加密测量，且多次重复测点位置尽量相同。

3. 监测技术设备

监测使用的主要仪器设备见表 3-2。

表 3-2　监测使用的主要仪器设备

序号	设备名称	型号	编号	数量	精度
1	电子水准仪	南方 DL201	01268	1 套	距离测量精度：10mm（$D \leq 10m$）；$D \times 0.001$（$D > 10m$）。高程测量精度：1.0mm，1.5mm（每千米往返标准差）。补偿精度：$0.30''/1'$
2	绘图机	HP-500		1 部	
3	对讲机			4 套	
4	GPS 接收机	中海达 H32	VA10113720	1 套	平面：±（$10mm+1\times10^{-6}D$）高程：±（$20mm+1\times10^{-6}D$）
5	GPS 接收机	中海达 IRTK2	VA10015362	1 套	平面：±（$10mm+1\times10^{-6}D$）高程：±（$20mm+1\times10^{-6}D$）
6	GPS 接收机	中海达 V60	VA11007415	1 套	平面：±（$10mm+1\times10^{-6}D$）高程：±（$20mm+1\times10^{-6}D$）
7	手持式激光测距仪	PD-68	000242	1 套	示值误差：±（$1.5mm+5\times10^{-5}D$）
8	手持式激光测距仪	PD66	001550	1 套	示值误差：±（$1.5mm+5\times10^{-5}D$）

3.2.4　海岸侵蚀强度评价方法

海岸侵蚀强度评价主要针对海岸侵蚀灾害强度进行评价。海岸侵蚀灾害强度评价包括单项评价和综合评价，其中单项评价指标包括岸线后退速率、岸滩下蚀速率。依据单项指标评价的海岸侵蚀灾害强度等级分级见表 3-3。考虑海岸侵蚀灾害的自身特点，在单项评价的基础上，开展综合评价。

表 3-3　海岸侵蚀灾害强度等级分级

指标		淤积	稳定	微侵蚀	侵蚀	强侵蚀	严重侵蚀
岸线后退速率/（m/a）	砂质海岸	$r>0.5$	$-0.5<r\leq0.5$	$-1<r\leq-0.5$	$-2<r\leq-1$	$-3<r\leq-2$	$r\leq-3$
	淤泥质海岸	$r>1$	$-1<r\leq1$	$-5<r\leq-1$	$-10<r\leq-5$	$-15<r\leq-10$	$r\leq-15$
岸滩下蚀速率/（cm/a）		$s>1$	$-1<s\leq1$	$-5<s\leq-1$	$-10<s\leq-5$	$-15<s\leq-10$	$s\leq-15$

（1）单项评价

利用计算得到的岸线后退速率（使用连续岸线的海岸变化速率）、岸滩下蚀速率，依据表 3-3 的分级标准，分别得到基于岸线后退速率、岸滩下蚀速率的海岸侵蚀灾害强度等级。

（2）综合评价

综合各个单项评价指标的评价结果，选取各个单项指标评价最严重的结果作为海岸侵蚀灾害强度等级最终的评价结果，示例参见表3-4。依据综合评价结果，绘制海岸侵蚀灾害强度等级分布图。

表 3-4　海岸侵蚀灾害强度综合评价示例

岸段	单项评价结果		综合评价结果	说明
	岸线后退速率	岸滩下蚀速率		
岸线 1	严重侵蚀	微侵蚀	严重侵蚀	单项评价结果均为严重侵蚀到稳定者，综合评价结果为两个单项结果中侵蚀级别较高者
岸线 2	稳定	淤积	淤积	单项评价结果中有至少一项淤积且其他项稳定的，综合评价结果为淤积
岸线 3	强侵蚀	淤积	强侵蚀	单项评价结果中同时存在淤积和侵蚀的，综合评价结果与岸线评价结果相同

3.3　海岸侵蚀监测结果与侵蚀强度评价[①]

3.3.1　岸线监测分析

2014～2017 年对 19 处岸段进行监测，根据各年度岸线测量结果进行对比，得出各岸段最大侵蚀距离、平均侵蚀距离、侵蚀面积及侵蚀速率（岸线后退速率）等。

1. 海口市东海岸岸段岸线监测分析

海口市东海岸岸段测量海岸线长度为 14.19km。2016 年实测的海岸线与 2015 年海岸线比较，海岸最大侵蚀距离约–32m，平均侵蚀距离为–3.04m，侵蚀面积为 –43 192m²，岸线后退速率为–3.04m/a；2016 年实测的海岸线与 2014 年海岸线比较，海岸最大侵蚀距离为–34m，平均侵蚀距离为–2.78m，侵蚀面积为–18 430m²，岸线后退速率为–1.39m/a；2016 年实测的海岸线与 2008 年海岸线比较，海岸最大侵蚀距离为–73m，平均侵蚀距离为–29.12m，侵蚀面积为–432 064m²，岸线后退速率为–3.64m/a。海口市东海岸岸段海岸侵蚀状况见图 3-98。

---

① 岸线监测和岸滩下蚀监测数据经过数值修约，存在舍入误差。

图 3-98　海口市东海岸岸段海岸侵蚀状况影像图（2015 年）

2. 文昌市海南角岸段岸线监测分析

文昌市海南角岸段测量海岸线长度为 3.42km。2017 年实测的海岸线与 2008 年海岸线对比，海岸最大侵蚀距离为–32.09m，平均侵蚀距离为–5.02m，侵蚀面积为–17 158.34m^2，岸线后退速率为–0.56m/a。

3. 文昌市翁田镇岸段岸线监测分析

文昌市翁田镇岸段测量海岸线长度为 2.18km。2016 年实测的海岸线与 2015 年海岸线比较，海岸最大侵蚀距离为–9m，平均侵蚀距离为–1.75m，侵蚀面积为–3811m^2，岸线后退速率为–1.75m/a；2016 年实测的海岸线与 2014 年海岸线比较，海岸最大侵蚀距离为–40m，平均侵蚀距离为–13.35m，侵蚀面积为–19 885m^2，岸线后退速率为–6.68m/a；2016 年实测的海岸线与 2008 年海岸线比较，海岸最大侵蚀距离为–39m，平均侵蚀距离为–19.67m，侵蚀面积为–42 875m^2，岸线后退速率为–2.46m/a。文昌市翁田镇岸段海岸侵蚀状况见图 3-99。

图 3-99　文昌市翁田镇岸段海岸侵蚀状况影像图（2015 年）

4. 琼海市潭门镇龙湾港岸段岸线监测分析

琼海市潭门镇龙湾港岸段测量海岸线长度为 2.64km。2016 年实测的海岸线与 2015 年海岸线比较,海岸最大侵蚀距离为–32m,平均侵蚀距离为–6.16m,侵蚀面积为–16 265m^2,岸线后退速率为–6.16m/a;2016 年实测的海岸线与 2008 年海岸线比较,海岸最大侵蚀距离为–61m,平均侵蚀距离为–5.73m,侵蚀面积为–15 133m^2,岸线后退速率为–0.72m/a。琼海市潭门镇龙湾港岸段海岸侵蚀状况见图 3-100。

图 3-100 琼海市潭门镇龙湾港岸段海岸侵蚀状况影像图(2015 年)

5. 琼海市博鳌镇万泉河出海口岸段岸线监测分析

琼海市博鳌镇万泉河出海口岸段监测岸段位于万泉河出海口北侧,测量海岸线长度为 3.34km。2016 年实测的海岸线与 2008 年海岸线比较,海岸最大侵蚀距离为–175m,平均侵蚀距离为–26.38m,侵蚀面积为–88 120m^2,岸线后退速率为–3.30m/a。

6. 琼海市博鳌印象岸段岸线监测分析

琼海市博鳌印象岸段测量海岸线长度为 1.93km。2017 年实测的海岸线与 2016 年海岸线比较,海岸最大侵蚀距离为–18.39m,平均侵蚀距离为–6.09m,侵蚀面积为–9911.53m^2,岸线后退速率为–6.09m/a;2017 年实测的海岸线与 2008 年海岸线对比,海岸最大侵蚀距离为–81.78m,平均侵蚀距离为–30.92m,侵蚀面积为–50 287.85m^2,岸线后退速率为–3.44m/a。琼海市博鳌印象岸段海岸侵蚀状况见图 3-101。

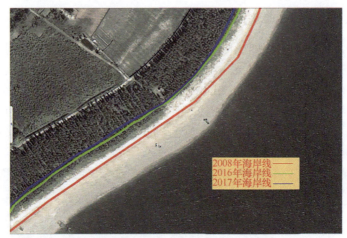

图 3-101　琼海市博鳌印象岸段海岸侵蚀状况影像图（2015 年）

7. 万宁市乌场岸段岸线监测分析

万宁市乌场岸段测量海岸线长度为 1.95km。2017 年实测的海岸线与 2016 年海岸线比较，海岸最大侵蚀距离为–20.53m，平均侵蚀距离为–6.72m，侵蚀面积为 –13 126.55m^2，岸线后退速率为–6.72m/a；2017 年实测的海岸线与 2008 年海岸线对比，海岸最大侵蚀距离为–57.48m，平均侵蚀距离为–31.74m，侵蚀面积为 –61 942.05m^2，岸线后退速率为–3.53m/a。万宁市乌场岸段海岸侵蚀状况见图 3-102。

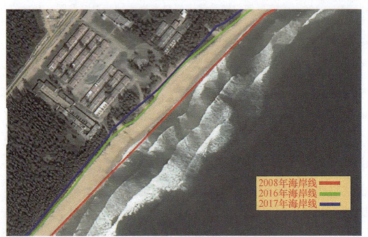

图 3-102　万宁市乌场岸段海岸侵蚀状况影像图（2015 年）

8. 陵水黎族自治县香水湾岸段岸线监测分析

陵水黎族自治县香水湾岸段测量海岸线长度为 3.12km。2017 年实测的海岸线与 2016 年海岸线比较，海岸最大侵蚀距离为–24.29m，平均侵蚀距离为–0.43m，侵蚀面积为–652.31m², 岸线后退速率为–0.43m/a; 2017年实测的海岸线与2008年海岸线对比,海岸最大侵蚀距离为–39.19m,平均侵蚀距离为–6.90m,侵蚀面积为–21 506.83m², 岸线后退速率为–0.77m/a。陵水黎族自治县香水湾岸段海岸侵蚀状况见图3-103。

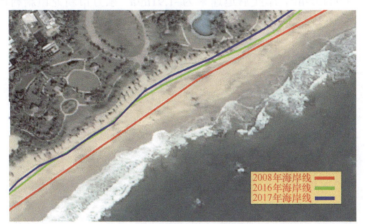

图3-103　陵水黎族自治县香水湾岸段海岸侵蚀状况影像图（2015年）

9. 三亚市亚龙湾岸段岸线监测分析

三亚市亚龙湾岸段测量海岸线长度为4.09km。2017年实测的海岸线与2016年海岸线比较,海岸最大侵蚀距离为–18.57m,平均侵蚀距离为–6.16m,侵蚀面积为–25 188.04m², 岸线后退速率为–6.16m/a; 2017年实测的海岸线与2008年海岸线对比,海岸最大侵蚀距离为–38.40m,平均侵蚀距离为–9.53m,侵蚀面积为–38 949.28m², 岸线后退速率为–1.06m/a。三亚市亚龙湾岸段海岸侵蚀状况见图3-104。

图3-104　三亚市亚龙湾岸段海岸侵蚀状况影像图（2015年）

10. 东方市新龙镇新村岸段岸线监测分析

东方市新龙镇新村岸段测量海岸线长度为 3.14km。2017 年实测的海岸线与 2008 年海岸线对比，海岸最大侵蚀距离为–37.35m，平均侵蚀距离为–17.16m，侵蚀面积为–53 934.09m^2，岸线后退速率为–1.91m/a。东方市新龙镇新村岸段海岸侵蚀状况见图 3-105。

图 3-105　东方市新龙镇新村岸段海岸侵蚀状况影像图（2015 年）

11. 昌江黎族自治县进董村岸段岸线监测分析

昌江黎族自治县进董村岸段测量海岸线长度为 2.84km。2017 年实测的海岸线与 2008 年海岸线对比，海岸最大侵蚀距离为–54.19m，平均侵蚀距离为–10.84m，侵蚀面积为–30 831.07m^2，岸线后退速率为–1.20m/a。昌江黎族自治县进董村岸段海岸侵蚀状况见图 3-106。

图 3-106　昌江黎族自治县进董村岸段海岸侵蚀状况影像图（2015 年）

12. 昌江黎族自治县海尾国家湿地公园岸段岸线监测分析

昌江黎族自治县海尾国家湿地公园岸段测量海岸线长度为 2.44km。2017 年实测的海岸线与 2008 年海岸线对比，海岸最大侵蚀距离为–26.52m，平均侵蚀距离为–12.12m，侵蚀面积为–29 587.18m^2，岸线后退速率为–1.35m/a。昌江黎族自治县海尾国家湿地公园岸段海岸侵蚀状况见图 3-107。

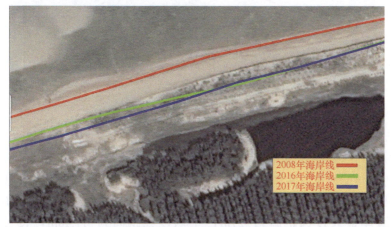

图 3-107　昌江黎族自治县海尾国家湿地公园岸段海岸侵蚀状况影像图（2015 年）

13. 昌江黎族自治县昌江核电厂南侧岸段岸线监测分析

昌江黎族自治县昌江核电厂南侧岸段测量海岸线长度为 2.55km。2017 年实测的海岸线与 2016 年海岸线比较，海岸最大侵蚀距离为–8.22m，平均侵蚀距离为–2.52m，侵蚀面积为–6449.59m^2，岸线后退速率为–2.52m/a；2017 年实测的海岸线与 2008 年海岸线对比，海岸最大侵蚀距离为–38.07m，平均侵蚀距离为–9.21m，侵蚀面积为–23 493.92m^2，岸线后退速率为–1.02m/a。

14. 儋州市沙沟村岸段岸线监测分析

儋州市沙沟村岸段测量海岸线长度为 3.11km。2017 年实测的海岸线与 2016 年海岸线比较，海岸最大侵蚀距离为–5.25m，平均侵蚀距离为–0.65m，侵蚀面积为–2023.66m^2，岸线后退速率为–0.65m/a；2017 年实测的海岸线与 2008 年海岸线对比，海岸最大侵蚀距离为–27.26m，平均侵蚀距离为–3.88m，侵蚀面积为–12 065.01m^2，岸线后退速率为–0.43m/a。儋州市沙沟村岸段海岸侵蚀状况见图 3-108。

15. 儋州市白马井镇岸段岸线监测分析

儋州市白马井镇岸段测量海岸线长度为 2.96km。2017 年实测的海岸线与 2008 年海岸线对比，海岸最大侵蚀距离为–16.56m，平均侵蚀距离为–3.95m，侵蚀面积为–11 716.33m^2，岸线后退速率为–0.44m/a。

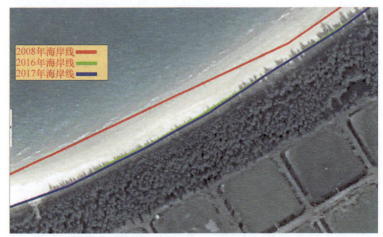

图 3-108　儋州市沙沟村岸段海岸侵蚀状况影像图（2015 年）

16. 澄迈县包岸村岸段岸线监测分析

澄迈县包岸村岸段测量海岸线长度为 2.40km。2016 年实测的海岸线与 2008 年海岸线比较，其中 1.49km 岸线建设有护岸，岸线向海推进，0.91km 岸线侵蚀后退，海岸最大侵蚀距离为-27m，平均侵蚀距离为-17.40m，侵蚀面积为 -15 831m²，岸线后退速率为-2.18m/a。澄迈县包岸村岸线对比见图 3-109。

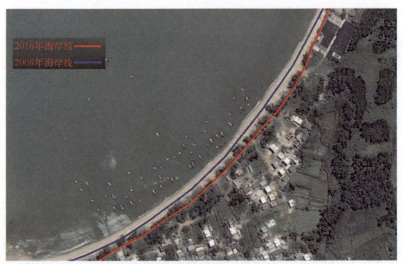

图 3-109　澄迈县包岸村岸线对比图（2014 年）

17. 澄迈县沙土村岸段岸线监测分析

澄迈县沙土村岸段测量海岸线长度为 3.22km。2016 年实测的海岸线与 2008 年海岸线比较，海岸最大侵蚀距离为-30m，平均侵蚀距离为-19.18m，侵蚀面积为

–61 765m², 岸线后退速率为–2.40m/a。澄迈县沙土村岸线对比见图3-110和图3-111。

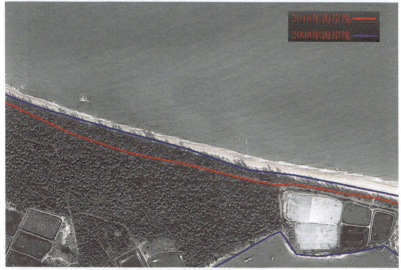

图3-110　澄迈县沙土村岸线对比图（2013年）

图3-111　澄迈县沙土村岸线对比图（2016年）

18. 三亚市红塘湾岸段岸线监测分析

三亚市红塘湾岸段测量海岸线长度为6.80km。2017年实测的海岸线与2008年海岸线比较，海岸最大侵蚀距离为–24.51m，平均侵蚀距离为–7.46m，侵蚀面积为–50 814.34m²，岸线后退速率为–0.83m/a。三亚市红塘湾岸段海岸侵蚀状况见图3-112。

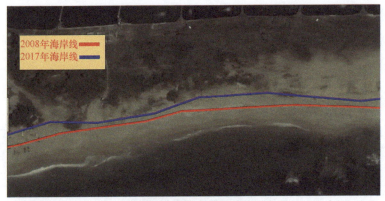

图 3-112　三亚市红塘湾岸段海岸侵蚀状况影像图（2015 年）

19. 东方市华能东方电厂南侧岸段岸线监测分析

东方市华能东方电厂南侧岸段测量海岸线长度为 3.25km。2017 年实测的海岸线与 2008 年海岸线比较，海岸最大侵蚀距离为 –55.93m，平均侵蚀距离为 –23.02m，侵蚀面积为 –74 862.14m^2，岸线后退速率为 –2.56m/a。东方市华能东方电厂南侧岸段海岸侵蚀状况见图 3-113。

图 3-113　东方市华能东方电厂南侧岸段海岸侵蚀状况影像图（2015 年）

3.3.2　岸滩下蚀监测分析

2014～2017 年进行监测的岸段中，有 16 处岸段进行了岸滩下蚀监测，共设置有 34 个海岸侵蚀监测桩，每个监测桩附近进行 3 个沙滩断面的高程测量，根据各年度高程测量数据进行对比分析，掌握岸滩下蚀状况，其中以下 12 处岸段根据连续监测数据分析计算得到了岸滩下蚀速率。

1. 文昌市海南角岸段岸滩下蚀监测分析

文昌市海南角岸段 2017 年断面高程与 2016 年断面高程对比，HN2D1 断面高差最大的为 HN2D1-6 点，高差为 89.0cm；HN2D2 断面高差最大的为 HN2D2-8 点，高差为 46.0cm；HN2D3 断面高差最大的为 HN2D3-6 点，高差为 3.0cm；HN2D4 断面高差最大的为 HN2D4-8 点，高差为 82.0cm；HN2D5 断面高差最大的为 HN2D5-8 点，高差为 42.0cm；HN2D6 断面高差最大的为 HN2D6-8 点，高差为 43.0cm。其中下蚀高差最大的断面线为 HN2D1 断面线。HNJ1 桩及两侧断面以坎下高程计算的岸滩平均下蚀速率为 –21.0cm/a，HNJ2 桩及两侧断面以坎下高程计算的岸滩平均下蚀速率为 –17.0cm/a。HNJ1 桩断面坎上高差为 1.12m，HNJ2 桩断面坎上高差为 0.69m。

文昌市海南角岸段岸滩平均下蚀速率为 –19.0cm/a，各断面高程对比见图 3-114～图 3-119。

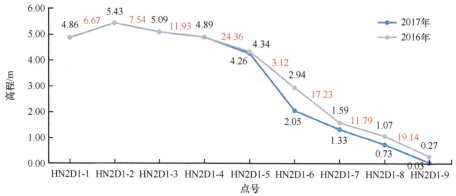

图 3-114　文昌市海南角岸段 HN2D1 断面高程对比图

图中红色数字是两测点之间的距离，余图同

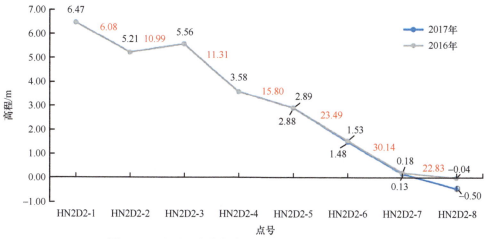

图 3-115　文昌市海南角岸段 HN2D2 断面高程对比图

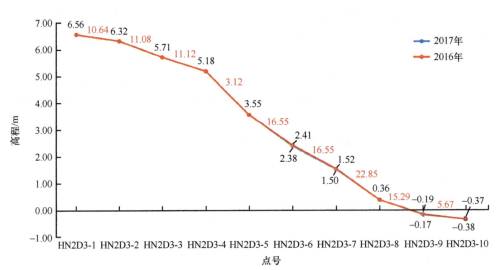

图 3-116 文昌市海南角岸段 HN2D3 断面高程对比图

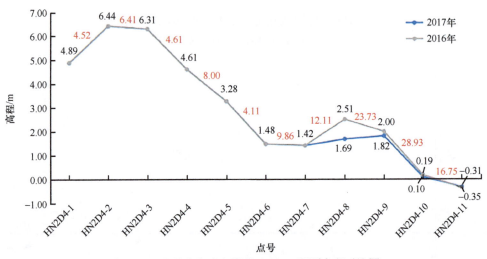

图 3-117 文昌市海南角岸段 HN2D4 断面高程对比图

图 3-118　文昌市海南角岸段 HN2D5 断面高程对比图

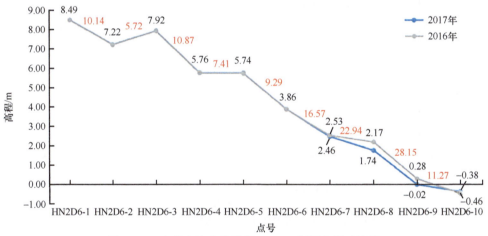

图 3-119　文昌市海南角岸段 HN2D6 断面高程对比图

2. 琼海市博鳌印象岸段岸滩下蚀监测分析

琼海市博鳌印象岸段 2017 年断面高程与 2016 年断面高程对比，HN5D4 断面高差最大的为 HN5D4-5 点，高差为 49.0cm；HN5D5 断面高差最大的为 HN5D5-7 点，高差为 63.0cm；HN5D6 断面高差最大的为 HN5D6-3 点，高差为 64.0cm。其中下蚀高差最大的断面线为 HN5D6 断面线。

琼海市博鳌印象岸段岸滩平均下蚀速率为 –7.3cm/a，各断面高程对比见图 3-120～图 3-122。

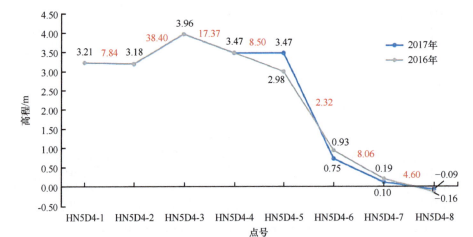

图 3-120　琼海市博鳌印象岸段 HN5D4 断面高程对比图

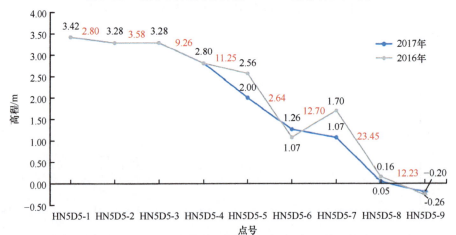

图 3-121　琼海市博鳌印象岸段 HN5D5 断面高程对比图

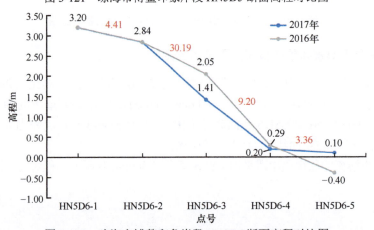

图 3-122　琼海市博鳌印象岸段 HN5D6 断面高程对比图

3. 万宁市乌场岸段岸滩下蚀监测分析

万宁市乌场岸段 2017 年断面高程与 2016 年断面高程对比，HN7D1 断面高差最大的为 HN7D1-10 点，高差为 371.0cm；HN7D2 断面高差最大的为 HN7D2-14 点，高差为 363.0cm；HN7D3 断面高差最大的为 HN7D3-16 点，高差为 97cm；HN7D4 断面高差最大的为 HN7D4-7 点，高差为 225.0cm；HN7D5 断面高差最大的为 HN7D5-7 点，高差为 240.0cm；HN7D6 断面高差最大的为 HN7D6-7 点，高差为 217.0cm。其中下蚀高差最大的断面线为 HN7D1 断面线。CY1 桩及两侧断面以坎下高程计算的岸滩平均下蚀速率为 –98.0cm/a，CY2 桩及两侧断面以坎下高程计算的岸滩平均下蚀速率为 –94.6cm/a。CY1 桩断面线坎上高差为 2.77m，CY2 桩断面线坎上高差为 4.65m。

万宁市乌场岸段岸滩平均下蚀速率为 –96.3cm/a，各断面高程对比见图 3-123～图 3-128。

图 3-123　万宁市乌场岸段 HN7D1 断面高程对比图

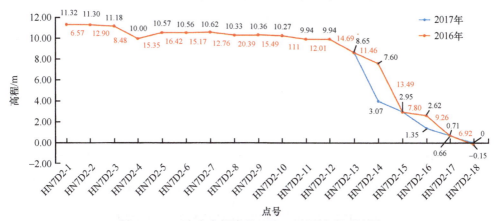

图 3-124　万宁市乌场岸段 HN7D2 断面高程对比图

图 3-125　万宁市乌场岸段 HN7D3 断面高程对比图

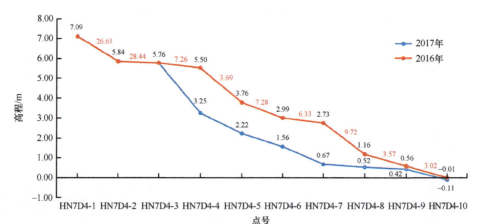

图 3-126　万宁市乌场岸段 HN7D4 断面高程对比图

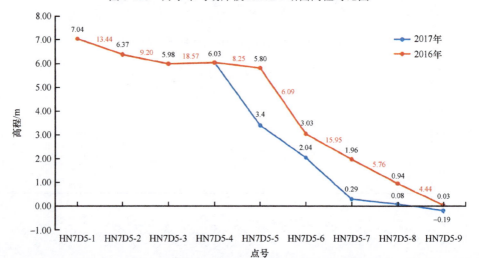

图 3-127　万宁市乌场岸段 HN7D5 断面高程对比图

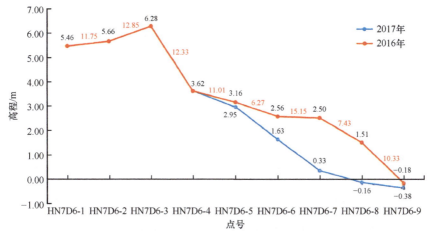

图 3-128　万宁市乌场岸段 HN7D6 断面高程对比图

4. 陵水黎族自治县香水湾岸段岸滩下蚀监测分析

陵水黎族自治县香水湾岸段 2017 年断面高程与 2016 年断面高程对比，HN9D1 断面高差最大的为 HN9D1-3 点，高差为 207.0cm；HN9D2 断面高差最大的为 HN9D2-1 点，高差为 309.0cm；HN9D3 断面高差最大的为 HN9D3-4 点，高差为 37.0cm；HN9D4 断面高差最大的为 HN9D4-2 点，高差为 50.0cm；HN9D5 断面高差最大的为 HN9D5-2 点，高差为 54.0cm；HN9D6 断面高差最大的为 HN9D6-3 点，高差为 33.0cm。其中下蚀高差最大的断面线为 HN9D2 断面线。HK1 桩及两侧断面以坎下高程计算的岸滩平均下蚀速率为–23.6cm/a，HK2 桩及两侧断面以坎下高程计算的岸滩平均下蚀速率为–111.0cm/a。HK1 桩断面线坎上高差为 0.27m，HK2 桩断面线坎上高差为 2.28m。

陵水黎族自治县香水湾岸段岸滩平均下蚀速率为–67.3cm/a，各断面高程对比见图 3-129～图 3-134。

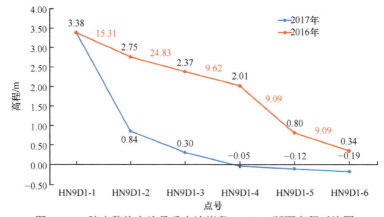

图 3-129　陵水黎族自治县香水湾岸段 HN9D1 断面高程对比图

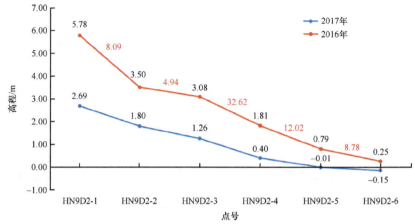

图 3-130　陵水黎族自治县香水湾岸段 HN9D2 断面高程对比图

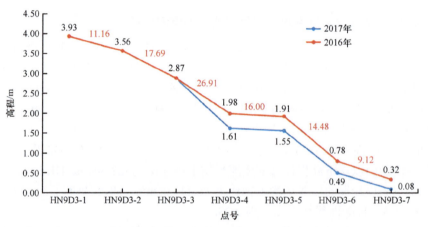

图 3-131　陵水黎族自治县香水湾岸段 HN9D3 断面高程对比图

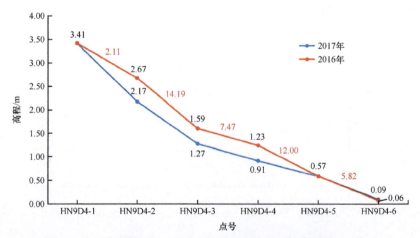

图 3-132　陵水黎族自治县香水湾岸段 HN9D4 断面高程对比图

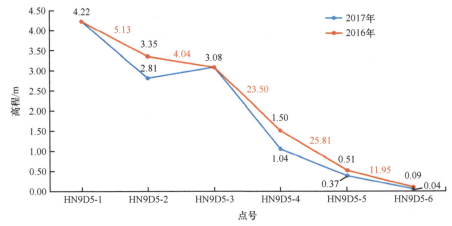

图 3-133　陵水黎族自治县香水湾岸段 HN9D5 断面高程对比图

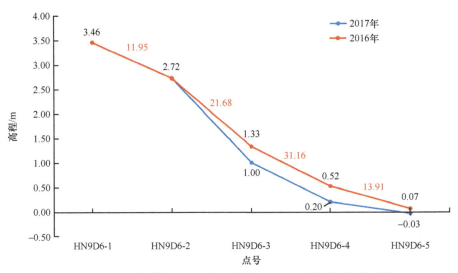

图 3-134　陵水黎族自治县香水湾岸段 HN9D6 断面高程对比图

5. 三亚市亚龙湾岸段岸滩下蚀监测分析

三亚市亚龙湾岸段 2017 年断面高程与 2016 年断面高程对比，HN10D1 断面高差最大的为 HN10D1-8 点，高差为 18.0cm；HN10D2 断面高差最大的为 HN10D2-5 点，高差为 59.0cm；HN10D3 断面高差最大的为 HN10D3-5 点，高差为 96.0cm；HN10D4 断面高差最大的为 HN10D4-5 点，高差为 53.0cm；HN10D5 断面高差最大的为 HN10D5-3 点，高差为 52.0cm；HN10D6 断面高差最大的为 HN10D6-4 点，高差为 50.0cm。其中下蚀高差最大的断面线为 HN10D3 断面线。YLW1 桩及两侧断面以坎下高程计算的岸滩平均下蚀速率为 –36.6cm/a，YLW3 桩及两侧断面以坎下高程计算的岸滩平均下蚀速率为–28.6cm/a。YLW1 桩断面线坎上高差为 4.02m，YLW3 桩断面线坎上高差为 6.90m。

三亚市亚龙湾岸段岸滩平均下蚀速率为–32.6cm/a，各断面高程对比见图 3-135～图 3-140。

图 3-135　三亚市亚龙湾岸段 HN10D1 断面高程对比图

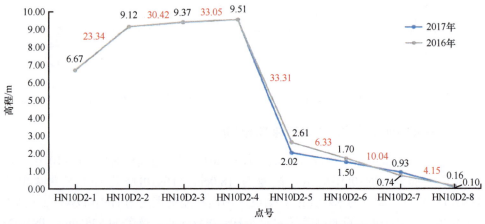

图 3-136　三亚市亚龙湾岸段 HN10D2 断面高程对比图

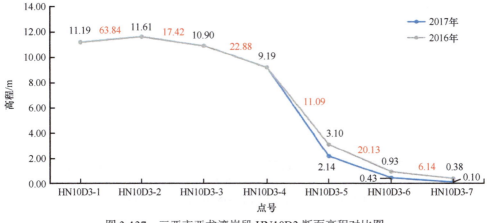

图 3-137　三亚市亚龙湾岸段 HN10D3 断面高程对比图

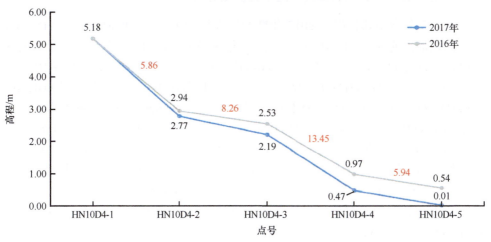

图 3-138　三亚市亚龙湾岸段 HN10D4 断面高程对比图

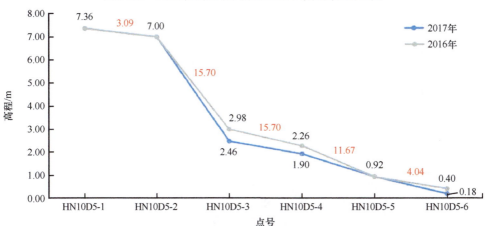

图 3-139　三亚市亚龙湾岸段 HN10D5 断面高程对比图

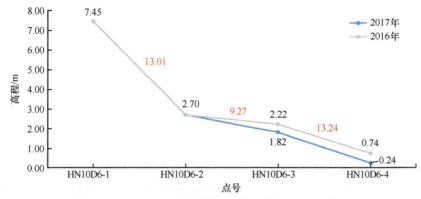

图 3-140 三亚市亚龙湾岸段 HN10D6 断面高程对比图

6. 东方市新龙镇新村岸段岸滩下蚀监测分析

东方市新龙镇新村岸段 2017 年断面高程与 2016 年断面高程对比，HN11D1 断面高差最大的为 HN11D1-10 点，高差为 96.0cm；HN11D2 断面高差最大的为 HN11D2-11 点高，高差为 72.0cm；HN11D3 断面高差最大的为 HN11D3-10 点，高差为 80.0cm；HN11D4 断面高差最大的为 HN11D4-3 点，高差为 100.0cm；HN11D5 断面高差最大的为 HN11D5-2 点，高差为 97.0cm；HN11D6 断面高差最大的为 HN11D6-3 点，高差为 113.0cm。其中高差最大的断面线为 HN11D6 断面线。XL1 桩及两侧断面以坎下高程计算的岸滩平均下蚀速率为-4.6cm/a，XL2 桩及两侧断面以坎下高程计算的岸滩平均下蚀速率为-30.6cm/a。XL1 桩断面线坎上高差为 0.79m，XL2 桩断面线植被沙滩界线高程为 3.91m。

东方市新龙镇新村岸段岸滩平均下蚀速率为-17.6cm/a，各断面高程对比见图 3-141～图 3-146。

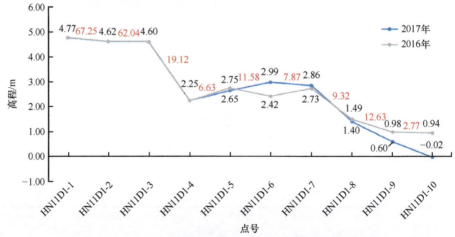

图 3-141 东方市新龙镇新村岸段 HN11D1 断面高程对比图

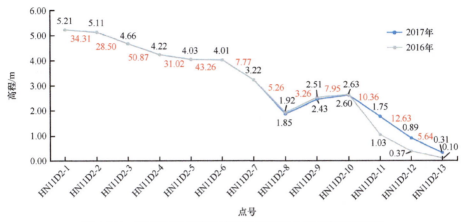

图 3-142　东方市新龙镇新村岸段 HN11D2 断面高程对比图

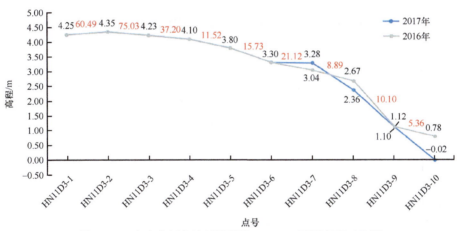

图 3-143　东方市新龙镇新村岸段 HN11D3 断面高程对比图

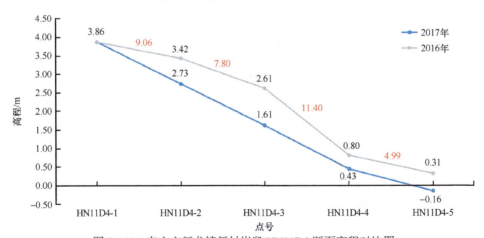

图 3-144　东方市新龙镇新村岸段 HN11D4 断面高程对比图

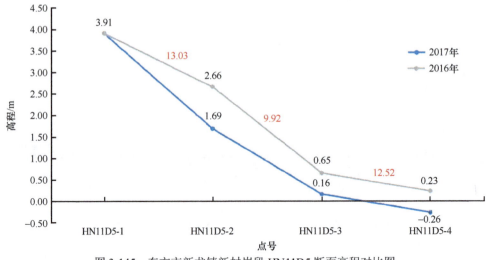

图 3-145　东方市新龙镇新村岸段 HN11D5 断面高程对比图

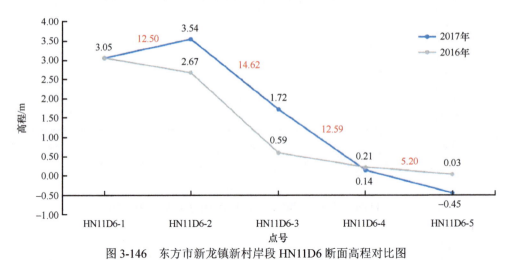

图 3-146　东方市新龙镇新村岸段 HN11D6 断面高程对比图

7. 昌江黎族自治县进董村岸段岸滩下蚀监测分析

昌江黎族自治县进董村岸段 2017 年断面高程与 2016 年断面高程对比，HN12D1 断面高差最大的为 HN12D1-5 点，高差为 31.0cm；HN12D2 断面高差最大的为 HN12D2-3 点，高差为 29.0cm；HN12D3 断面高差最大的为 HN12D3-4 点，高差为 81.0cm。其中高差最大的断面线为 HN12D3 断面线。JD1 桩断面线坎上高差为 2.64m。

昌江黎族自治县进董村岸段岸滩平均下蚀速率为–28.6cm/a，各断面高程对比见图 3-147～图 3-149。

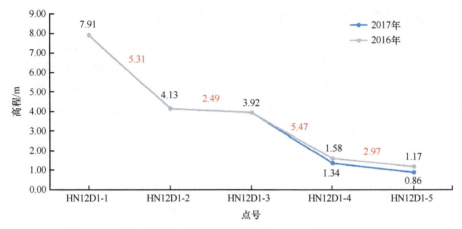

图 3-147　昌江黎族自治县进董村岸段 HN12D1 断面高程对比图

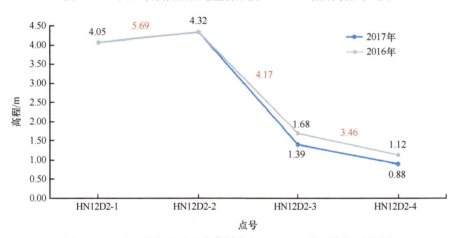

图 3-148　昌江黎族自治县进董村岸段 HN12D2 断面高程对比图

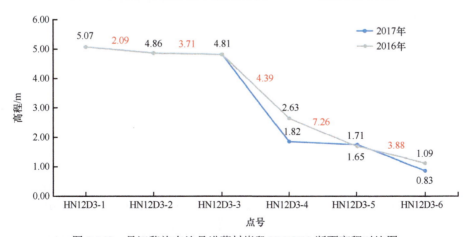

图 3-149　昌江黎族自治县进董村岸段 HN12D3 断面高程对比图

8. 昌江黎族自治县海尾国家湿地公园岸段岸滩下蚀监测分析

昌江黎族自治县海尾国家湿地公园岸段 2017 年断面高程与 2016 年断面高程对比，HN13D1 断面高差最大的为 HN13D1-6 点，高差为 34.0cm；HN13D2 断面高差最大的为 HN13D2-4 点，高差为 32.0cm；HN13D3 断面高差最大的为 HN13D3-6 点，高差为 56.0cm；HN13D4 断面高差最大的为 HN13D4-5 点，高差为 42.0cm；HN13D5 断面高差最大的为 HN13D5-2 点，高差为 32.0cm；HN13D6 断面高差最大的为 HN13D6-1 点，高差为 284.0cm。其中高差最大的断面线为 HN13D6 断面线。HW1 桩及两侧断面以坎下高程计算的岸滩平均下蚀速率为 –10.3cm/a，HW2 桩及两侧断面以坎下高程计算的岸滩平均下蚀速率为 –29.6cm/a。HW1 桩断面线无坎植被沙滩界线高程为 4.22m，HW2 桩断面线坎上高差为 1.82m。

昌江黎族自治县海尾国家湿地公园岸段岸滩平均下蚀速率为 –20.0cm/a，各断面高程对比见图 3-150～图 3-155。

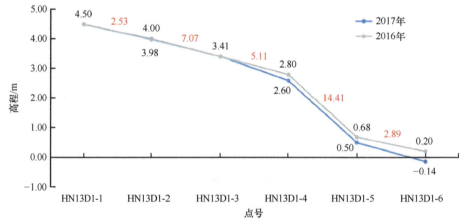

图 3-150　昌江黎族自治县海尾国家湿地公园岸段 HN13D1 断面高程对比图

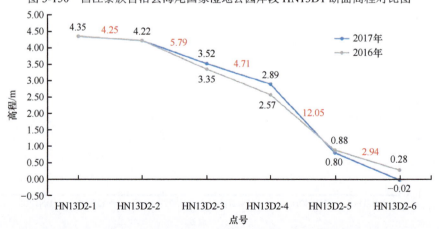

图 3-151　昌江黎族自治县海尾国家湿地公园岸段 HN13D2 断面高程对比图

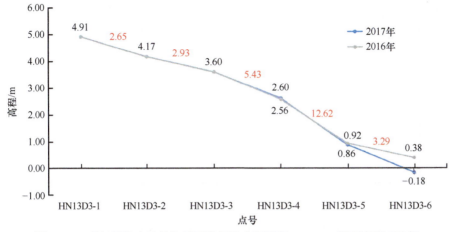

图 3-152　昌江黎族自治县海尾国家湿地公园岸段 HN13D3 断面高程对比图

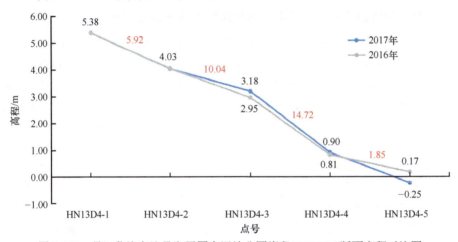

图 3-153　昌江黎族自治县海尾国家湿地公园岸段 HN13D4 断面高程对比图

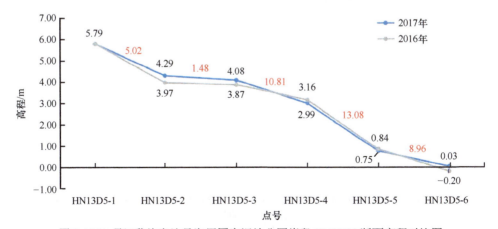

图 3-154　昌江黎族自治县海尾国家湿地公园岸段 HN13D5 断面高程对比图

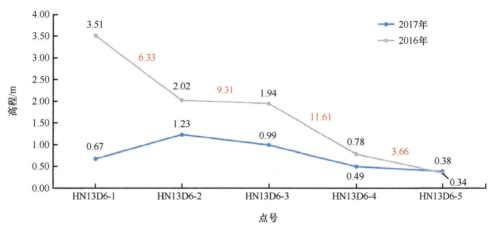

图 3-155　昌江黎族自治县海尾国家湿地公园岸段 HN13D6 断面高程对比图

9. 昌江黎族自治县昌江核电厂南侧岸段岸滩下蚀监测分析

昌江黎族自治县昌江核电厂南侧岸段 2017 年断面高程与 2016 年断面高程对比，HN14D1 断面高差最大的为 HN14D1-5 点，高差为 47.0cm；HN14D2 断面高差最大的为 HN14D2-6 点，高差为 59.0cm；HN14D3 断面高差最大的为 HN14D3-6 点，高差为 79.0cm；HN14D4 断面高差最大的为 HN14D4-2 点，高差为 117.0cm；HN14D5 断面高差最大的为 HN14D5-2 点，高差为 154.0cm；HN14D6 断面高差最大的为 HN14D6-6 点，高差为 52.0cm。其中高差最大的断面线为 HN14D5 断面线。HD1 桩及两侧断面以坎下高程计算的岸滩平均下蚀速率为 –34.0cm/a，HD2 桩及两侧断面以坎下高程计算的岸滩平均下蚀速率为 –37.6cm/a。HD1 桩断面线坎上高差为 0.81m，HD2 桩断面线坎上高程为 1.40m。

昌江黎族自治县昌江核电厂南侧岸段岸滩平均下蚀速率为 –35.8cm/a，各断面高程对比见图 3-156～图 3-161。

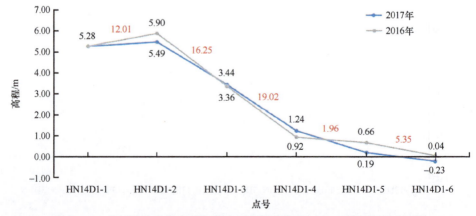

图 3-156　昌江黎族自治县昌江核电厂南侧岸段 HN14D1 断面高程对比图

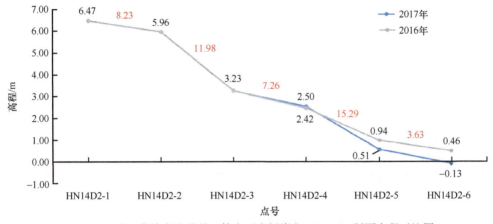

图 3-157　昌江黎族自治县昌江核电厂南侧岸段 HN14D2 断面高程对比图

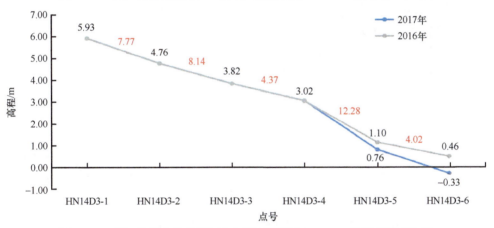

图 3-158　昌江黎族自治县昌江核电厂南侧岸段 HN14D3 断面高程对比图

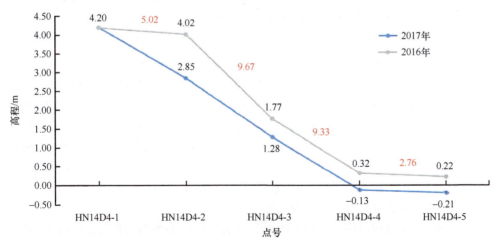

图 3-159　昌江黎族自治县昌江核电厂南侧岸段 HN14D4 断面高程对比图

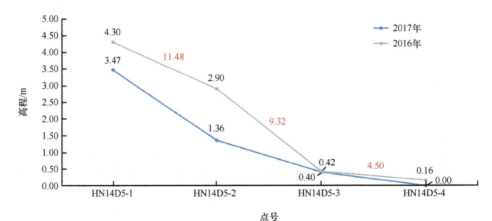

图 3-160　昌江黎族自治县昌江核电厂南侧岸段 HN14D5 断面高程对比图

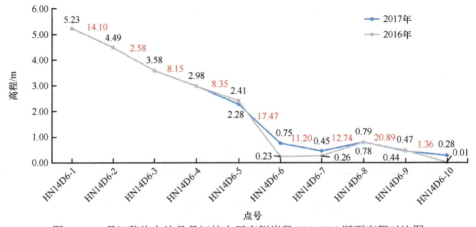

图 3-161　昌江黎族自治县昌江核电厂南侧岸段 HN14D6 断面高程对比图

10. 儋州市沙沟村岸段岸滩下蚀监测分析

儋州市沙沟村岸段 2017 年断面高程与 2016 年断面高程对比，HN15D1 断面高差最大的为 HN15D1-6 点，高差为 49.0cm；HN15D2 断面高差最大的为 HN15D2-6 点，高差为 61.0cm；HN15D3 断面高差最大的为 HN15D3-6 点，高差为 50.0cm；HN15D4 断面高差最大的为 HN15D4-9 点，高差为 125.0cm；HN15D5 断面高差最大的为 HN15D5-3 点，高差为 36.0cm；HN15D6 断面高差最大的为 HN15D6-6 点，高差为 145.0cm。其中高差最大的断面线为 HN15D6 断面线。SG1 桩及两侧断面以坎下高程计算的岸滩平均下蚀速率为 3.0cm/a，SG2 桩及两侧断面以坎下高程计算的岸滩平均下蚀速率为 –10.3cm/a。SG1 桩断面线坎上高差为 2.11m，SG2 桩断面线坎上高差为 3.46m。

儋州市沙沟村岸段岸滩平均下蚀速率为 –3.7cm/a，各断面高程对比见图 3-162～图 3-167。

图 3-162　儋州市沙沟村岸段 HN15D1 断面高程对比图

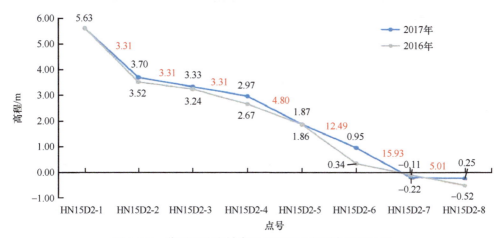

图 3-163　儋州市沙沟村岸段 HN15D2 断面高程对比图

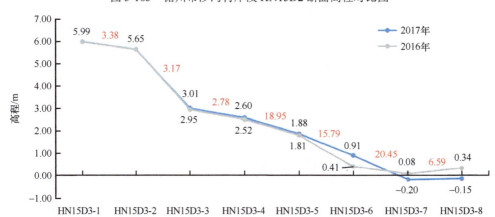

图 3-164　儋州市沙沟村岸段 HN15D3 断面高程对比图

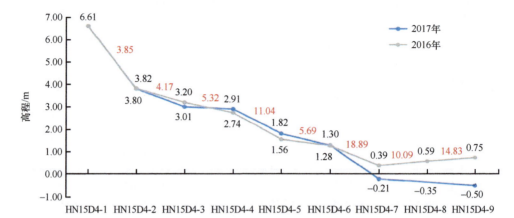

图 3-165　儋州市沙沟村岸段 HN15D4 断面高程对比图

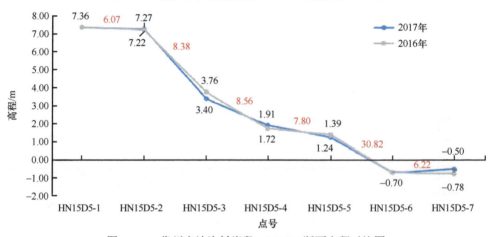

图 3-166　儋州市沙沟村岸段 HN15D5 断面高程对比图

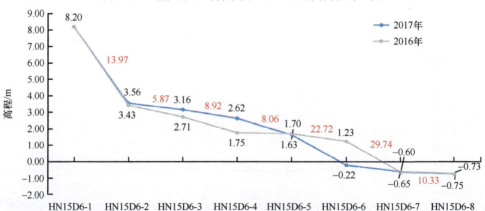

图 3-167　儋州市沙沟村岸段 HN15D6 断面高程对比图

11. 儋州市白马井镇岸段岸滩下蚀监测分析

儋州市白马井镇岸段2017年断面高程与2016年断面高程对比，HN16D1断面高差最大的为HN16D1-4点，高差为37.0cm；HN16D2断面高差最大的为HN16D2-4点，高差为55.0cm；HN16D3断面高差最大的为HN16D3-6点，高差为17.0cm；HN16D4断面高差最大的为HN16D4-2点和HN16D4-3点，高差为9.0cm；HN16D5断面高差最大的为HN16D5-4点，高差为85.0cm；HN16D6断面高差最大的为HN16D6-6点，高差为120.0cm。其中高差最大的断面线为HN16D6断面。BMJ1桩及两侧断面以坎下高程计算的岸滩平均下蚀速率为–1.3cm/a，BMJ2桩及两侧断面以坎下高程计算的岸滩平均下蚀速率为–24.0cm/a。BMJ1桩断面线坎上高差为1.14m，BMJ2桩断面线坎上高差为4.16m。

儋州市白马井镇岸段岸滩平均下蚀速率为–12.6cm/a，各断面高程对比见图3-168～图3-173。

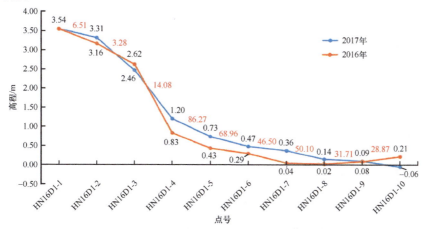

图3-168　儋州市白马井镇岸段HN16D1断面高程对比图

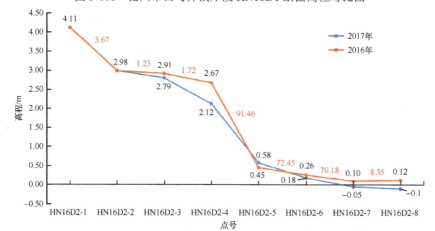

图3-169　儋州市白马井镇岸段HN16D2断面高程对比图

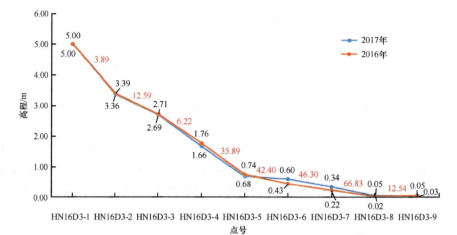

图 3-170　儋州市白马井镇岸段 HN16D3 断面高程对比图

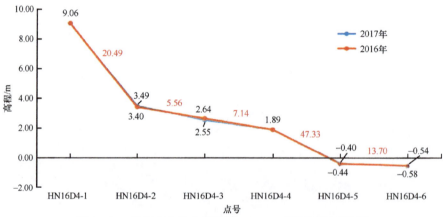

图 3-171　儋州市白马井镇岸段 HN16D4 断面高程对比图

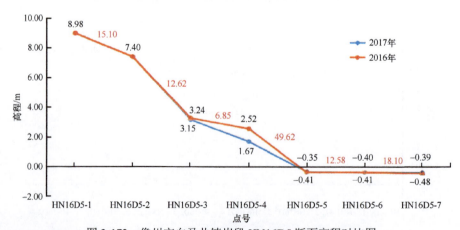

图 3-172　儋州市白马井镇岸段 HN16D5 断面高程对比图

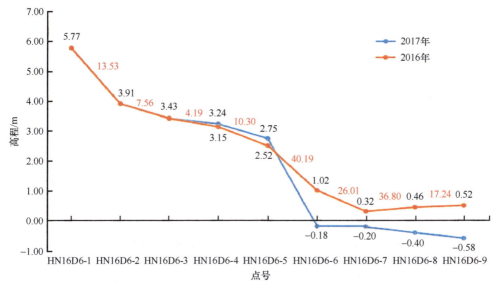

图 3-173 儋州市白马井镇岸段 HN16D6 断面高程对比图

12. 东方市华能东方电厂南侧岸段岸滩下蚀监测分析

东方市华能东方电厂南侧岸段岸滩下蚀状况采用 2019 年实测断面高程与 2018 年断面高程对比分析，计算得出岸滩下蚀最大速率为–55.6cm/a，岸滩下蚀平均速率为–24.3cm/a，各断面高程对比见图 3-174～图 3-179。

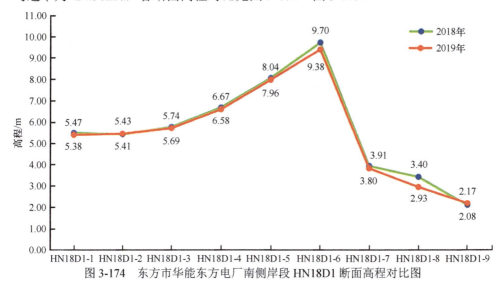

图 3-174 东方市华能东方电厂南侧岸段 HN18D1 断面高程对比图

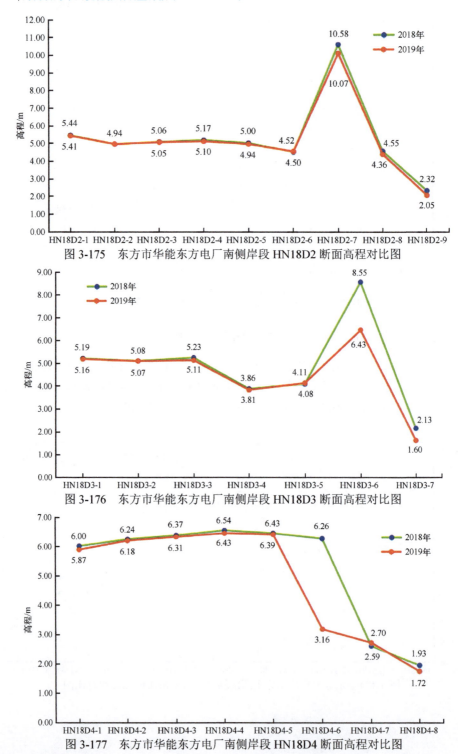

图 3-175　东方市华能东方电厂南侧岸段 HN18D2 断面高程对比图

图 3-176　东方市华能东方电厂南侧岸段 HN18D3 断面高程对比图

图 3-177　东方市华能东方电厂南侧岸段 HN18D4 断面高程对比图

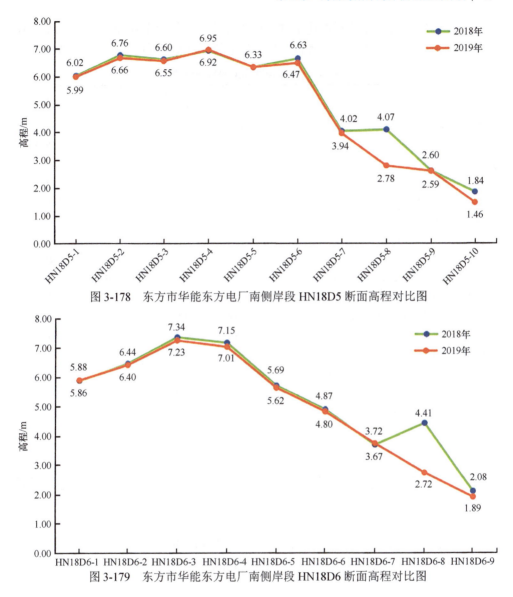

图 3-178　东方市华能东方电厂南侧岸段 HN18D5 断面高程对比图

图 3-179　东方市华能东方电厂南侧岸段 HN18D6 断面高程对比图

3.4　海岸侵蚀强度综合评价

根据监测结果，通过对各年度测量数据进行对比分析，计算出各岸段岸线后退速率和岸滩下蚀速率，对海南岛四周 19 处岸段进行海岸侵蚀灾害强度等级评价（表 3-5）。其中海口市东海岸岸段、文昌市翁田镇岸段、琼海市潭门镇龙湾港岸段、琼海市博鳌镇万泉河出海口岸段、澄迈县包岸村岸段、澄迈县沙土村岸段、三亚市红塘湾岸段 7 处岸段只进行了一次岸滩断面测量，未获得岸滩下蚀速率，海岸侵蚀强度评价用岸线后退速率进行单项评价，其他 12 处岸段均根据岸线后退速率和岸滩下蚀速率进行综合评价。各岸段海岸侵蚀灾害强度等级评价结果如下。

表 3-5　海岸侵蚀强度等级统计表

岸段编号	岸段名称	岸线类型	岸线后退速率/（m/a）	岸滩下蚀速率/（cm/a）	强度等级
HN1	海口市东海岸岸段	砂质岸线	−3.64	—	严重侵蚀
HN2	文昌市海南角岸段	砂质岸线	−0.56	−19.0	严重侵蚀
HN3	文昌市翁田镇岸段	砂质岸线	−2.46	—	强侵蚀
HN4	琼海市潭门镇龙湾港岸段	砂质岸线	−0.72	—	微侵蚀
HN5	琼海市博鳌印象岸段	砂质岸线	−3.44	−7.3	严重侵蚀
HN6	琼海市博鳌镇万泉河出海口岸段	砂质岸线	−3.30	—	严重侵蚀
HN7	万宁市乌场岸段	砂质岸线	−3.53	−96.3	严重侵蚀
HN8	三亚市红塘湾岸段	砂质岸线	−0.83	—	微侵蚀
HN9	陵水黎族自治县香水湾岸段	砂质岸线	−0.77	−67.3	严重侵蚀
HN10	三亚市亚龙湾岸段	砂质岸线	−1.06	−32.6	严重侵蚀
HN11	东方市新龙镇新村岸段	砂质岸线	−1.91	−17.6	严重侵蚀
HN12	昌江黎族自治县进董村岸段	砂质岸线	−1.20	−28.6	严重侵蚀
HN13	昌江黎族自治县海尾国家湿地公园岸段	砂质岸线	−1.35	−20.0	严重侵蚀
HN14	昌江黎族自治县昌江核电厂南侧岸段	砂质岸线	−1.02	−35.8	严重侵蚀
HN15	儋州市沙沟村岸段	砂质岸线	−0.43	−3.6	微侵蚀
HN16	儋州市白马井镇岸段	砂质岸线	−0.44	−12.6	强侵蚀
HN17	澄迈县包岸村岸段	砂质岸线	−2.18	—	强侵蚀
HN18	东方市华能东方电厂南侧岸段	砂质岸线	−2.56	−24.3	严重侵蚀
HN19	澄迈县沙土村岸段	砂质岸线	−2.40	—	强侵蚀

注：岸线后退速率由 2015 年、2016 年或 2017 年实测海岸线与 2008 年海岸线对比得出，岸滩下蚀速率由 2017 年与 2016 年或 2019 年与 2018 年断面高程对比得出

1）海口市东海岸岸段：测量海岸线长度为 14.19km，2016 年实测海岸线与 2008 年海岸线比较，岸线后退速率为−3.64m/a，海岸侵蚀灾害强度等级为严重侵蚀。

2）文昌市海南角岸段：测量海岸线长度为 3.42km，2017 年实测海岸线与 2008 年海岸线对比，岸线后退速率为−0.56m/a，海岸侵蚀灾害强度等级为微侵蚀；岸滩平均下蚀速率为−19.0cm/a，海岸侵蚀灾害强度等级为严重侵蚀；结合岸线后退速率与岸滩下蚀速率综合评价，海岸侵蚀灾害强度等级为严重侵蚀。

3）文昌市翁田镇岸段：测量海岸线长度为 2.18km，2016 年实测海岸线与 2008 年海岸线比较，岸线后退速率为−2.46m/a，海岸侵蚀灾害强度等级为强侵蚀。

4）琼海市潭门镇龙湾港岸段：测量海岸线长度为 2.64km，2016 年实测的海

岸线与 2015 年海岸线比较，岸线后退速率为–6.16m/a，海岸侵蚀灾害强度等级为严重侵蚀；2016 年实测的海岸线与 2008 年海岸线比较，岸线后退速率为–0.72m/a，海岸侵蚀灾害强度等级为微侵蚀。

5）琼海市博鳌印象岸段：测量海岸线长度为 1.93km，2017 年实测海岸线与 2008 年海岸线对比，岸线后退速率为–3.44m/a，海岸侵蚀灾害强度等级为严重侵蚀；岸滩平均下蚀速率为–7.3cm/a，海岸侵蚀灾害强度等级为侵蚀；结合岸线后退速率与岸滩下蚀速率综合评价，海岸侵蚀灾害强度等级为严重侵蚀。

6）琼海市博鳌镇万泉河出海口岸段：测量海岸线长度为 3.34km，2016 年实测海岸线与 2008 年海岸线比较，岸线后退速率为–3.30m/a，海岸侵蚀灾害强度等级为严重侵蚀。

7）万宁市乌场岸段：测量海岸线长度为 1.95km，2017 年实测海岸线与 2008 年海岸线对比，岸线后退速率为–3.53m/a，海岸侵蚀灾害强度等级为严重侵蚀；岸滩平均下蚀速率为–96.3cm/a，海岸侵蚀灾害强度等级为严重侵蚀；结合岸线后退速率与岸滩下蚀速率综合评价，海岸侵蚀灾害强度等级为严重侵蚀。

8）三亚市红塘湾岸段：测量海岸线长度为 6.80km，2017 年实测海岸线与 2008 年海岸线比较，岸线后退速率为–0.83m/a，海岸侵蚀灾害强度等级为微侵蚀。

9）陵水黎族自治县香水湾岸段：测量海岸线长度为 3.12km，2017 年实测海岸线与 2008 年海岸线对比，岸线后退速率为–0.77m/a，海岸侵蚀灾害强度等级为微侵蚀；岸滩平均下蚀速率为–67.3cm/a，海岸侵蚀灾害强度等级为严重侵蚀；结合岸线后退速率与岸滩下蚀速率综合评价，海岸侵蚀灾害强度等级为严重侵蚀。

10）三亚市亚龙湾岸段：测量海岸线长度为 4.09km，2017 年实测海岸线与 2008 年海岸线对比，岸线后退速率为–1.06m/a，海岸侵蚀灾害强度等级为侵蚀；2017 年实测海岸线与 2016 年海岸线比较，岸线后退速率为–6.16m/a，海岸侵蚀灾害强度等级为严重侵蚀；岸滩平均下蚀速率为–32.6cm/a，海岸侵蚀灾害强度等级为严重侵蚀；结合岸线后退速率与岸滩下蚀速率综合评价，海岸侵蚀灾害强度等级为严重侵蚀。

11）东方市新龙镇新村岸段：测量海岸线长度为 3.14km，2017 年实测海岸线与 2008 年海岸线对比，岸线后退速率为–1.91m/a，海岸侵蚀灾害强度等级为侵蚀；岸滩平均下蚀速率为–17.6cm/a，海岸侵蚀灾害强度等级为严重侵蚀；结合岸线后退速率与岸滩下蚀速率综合评价，海岸侵蚀灾害强度等级为严重侵蚀。

12）昌江黎族自治县进董村岸段：测量海岸线长度为 2.84km，2017 年实测海岸线与 2008 年海岸线对比，岸线后退速率为–1.20m/a，海岸侵蚀灾害强度等级为侵蚀；岸滩平均下蚀速率为–28.6cm/a，海岸侵蚀灾害强度等级为严重侵蚀；结合岸线后退速率与岸滩下蚀速率综合评价，海岸侵蚀灾害强度等级为严重侵蚀。

13）昌江黎族自治县海尾国家湿地公园岸段：测量海岸线长度为 2.44km，2017

年实测海岸线与 2008 年海岸线对比，岸线后退速率为–1.35m/a，海岸侵蚀灾害强度等级为侵蚀；岸滩平均下蚀速率为–20.0cm/a，海岸侵蚀灾害强度等级为严重侵蚀；结合岸线后退速率与岸滩下蚀速率综合评价，海岸侵蚀灾害强度等级为严重侵蚀。

14）昌江黎族自治县昌江核电厂岸段：测量海岸线长度为 2.55km，2017 年实测海岸线与 2008 年海岸线对比，岸线后退速率为–1.02m/a，海岸侵蚀灾害强度等级为侵蚀；2017 年实测海岸线与 2016 年海岸线比较，岸线后退速率为–2.52m/a，海岸侵蚀灾害强度等级为强侵蚀；岸滩平均下蚀速率为–35.8cm/a，海岸侵蚀灾害强度等级为严重侵蚀；结合岸线后退速率与岸滩下蚀速率综合评价，海岸侵蚀灾害强度等级为严重侵蚀。

15）儋州市沙沟村岸段：测量海岸线长度为 3.11km，2017 年实测海岸线与 2008 年海岸线对比，岸线后退速率为–0.44m/a，海岸侵蚀灾害强度等级为稳定；2017 年实测海岸线与 2016 年海岸线比较，岸线后退速率为–0.65m/a，海岸侵蚀灾害强度等级为微侵蚀；岸滩平均下蚀速率为–3.7cm/a，海岸侵蚀灾害强度等级为微侵蚀；结合岸线后退速率与岸滩下蚀速率综合评价，海岸侵蚀灾害强度等级为微侵蚀。

16）儋州市白马井镇岸段：测量海岸线长度为 2.96km，2017 年实测海岸线与 2008 年海岸线对比，岸线后退速率为–0.43m/a，海岸侵蚀灾害强度等级为稳定；岸滩平均下蚀速率为–12.6cm/a，海岸侵蚀灾害强度等级为强侵蚀；结合岸线后退速率与岸滩下蚀速率综合评价，海岸侵蚀灾害强度等级为强侵蚀。

17）澄迈县包岸村岸段：测量海岸线长度为 2.40km，2016 年实测海岸线与 2008 年海岸线比较，其中 1.49km 岸线建设有护岸，0.91km 岸线侵蚀后退，岸线后退速率为–2.18m/a，海岸侵蚀灾害强度等级为强侵蚀。

18）东方市华能东方电厂南侧岸段：测量海岸线长度为 3.25km，2017 年实测海岸线与 2008 年海岸线比较，岸线后退速率为–2.56m/a，海岸侵蚀灾害强度等级为强侵蚀；2019 年与 2018 年断面高程对比，岸滩下蚀平均速率为–24.3cm/a，海岸侵蚀灾害强度等级为严重侵蚀；结合岸线后退速率与岸滩下蚀速率综合评价，海岸侵蚀灾害强度等级为严重侵蚀。

19）澄迈县沙土村岸段：测量海岸线长度为 3.22km，2015 年实测海岸线与 2008 年海岸线比较，岸线后退速率–2.40m/a，海岸侵蚀灾害强度等级为强侵蚀。

3.5 海岸侵蚀原因分析

根据调查发现，2016～2017 年监测岸线对比，文昌市海南角岸段、东方市新龙镇新村岸段、昌江黎族自治县海尾国家湿地公园岸段、儋州市白马井镇岸段岸线平均有向海里推进的现象，主要原因为 2017 年无登陆海南岛的台风，台风影响力较小，岸上野生植被生长茂盛覆盖沙滩，但这几处岸段水动力仍较强，岸滩下蚀明显，且根据2008～2017年岸线平均值，这些岸段仍为侵蚀后退，最终综合评价仍为侵蚀。

2017年三亚市亚龙湾岸段出现严重侵蚀，主要由于受1719号强台风"杜苏芮"风暴潮和近岸浪影响而后退6.16m；昌江黎族自治县昌江核电厂西南侧、琼海市博鳌印象岸段附近有海洋工程项目建成，其侵蚀主要是海洋工程造成的水动力变化导致；海口市东海岸、琼海市博鳌镇万泉河出海口北侧两处属严重侵蚀岸段，二者均位于大河出海口，其侵蚀主要与南渡江与万泉河上游采砂及热带气旋影响有关；文昌市位于海南岛东北向，铺前镇海南角和翁田镇锦心角东侧沿岸侵蚀严重，这两个岸段均处于东北向伸出岬角右侧，强烈的东北季风及频繁登陆该处的热带气旋是该处海岸侵蚀严重的最主要原因；乐东黎族自治县莺歌海镇、龙栖湾均位于海南岛西南部小湾岬角附近，附近无大江大河，无大型海洋工程，夏季西南季风强劲，因此其侵蚀主要是季风造成的西南向海浪和潮流导致，调查中也有当地居民反映有偷挖海砂的现象，目前政府已启动"蓝色海湾"整治行动，对侵蚀严重的区域进行岸滩修复。

综合现场调查及监测结果分析，造成海岸侵蚀的原因很复杂，主要可归纳为自然因素和人为因素两大类。自然因素主要包括海浪和潮流、海平面上升及构造沉降等；人为因素主要有近海超采地下水、修建不合理的海岸工程、淡水截流、人工采掘近岸砂石和海岸生物的破坏等，大部分岸段侵蚀后退是多种因素共同作用的结果。

3.5.1 自然因素

（1）海岸地质的脆弱性因素

海南岛重点监测岸段主要是砂（砾）质海岸，海岸沉积物易受风化、溶蚀和磨损。在沿岸泥沙流作用下前突地形向下方迁移，滩面也在前突地形消失的过程中受到侵蚀。

（2）海浪和潮流

海浪是引起海岸变化的主要动力。海浪从深海进入海岸带后，以拍岸浪的形式对海岸进行强有力的冲击和破坏。它作用于岩石的力量每平方米可达3万～4万kg，这对海岸有巨大的破坏性。不仅如此，它还能够用掳获的岩块碎屑捶击海岸，加速对海岸的侵蚀破坏。当海浪冲击岩石裂缝时，岩石裂缝中的空气受到压缩，使岩石遭受很大的压力，从而加速海岸岩石的崩溃。当海浪进入可溶性岩石的裂缝中时，海水以化学作用的方式加速岩石的破坏，使裂缝扩大为洞穴。海岸带的泥沙和砾石，随着潮流进退不断往复磨擦水下岸坡，使基岩岸坡形成了海蚀平台。还有一种潮流，推动海滨泥沙沿海岸运动，把海岸物质带走。特别是遇到特大风暴潮时，可产生激浪冲走数十吨至数千吨的水泥块和石块，对海岸和防波堤破坏力极大。一次大的风暴潮过程对海岸的破坏，可相当于一年或数年的正常海岸侵蚀。海浪的冲刷破坏和潮流的磨擦运移，使海岸迅速侵蚀后退。

（3）海平面上升

近年来，由于"温室效应"等复杂原因，中国沿海乃至全球海面以缓慢的速度上升，上升速率为 0.5～2.0mm/a。海平面上升使岸外或堤外水深加大，沿岸波浪、潮流等海洋动力作用增强。按浅水区波浪动力学原理，波能与波高的平方成正比，波能传播速度与水深的平方根成正比。若岸外水深增加 1 倍，波高增加 1 倍，波浪作用强度可增加 5～6 倍。高能波浪破碎后形成激浪流，高速的进流和回流有很大的破坏性，加剧海岸侵蚀。在河口、海湾和潮汐水道中，海平面上升还将导致潮波变形加大，潮波性质中驻波成分增加，使潮位和潮流相位差加大，从而导致潮差增加，潮差加大会使潮流冲刷作用增强。海平面上升使河口处潮差增大，潮流作用更为强烈，加剧海岸侵蚀。

（4）强烈的天气过程（风暴潮与海浪灾害的影响）

南海每年热带气旋所引发的风暴潮与海浪对海南岛海岸侵蚀的影响也不可忽视。海南岛是风暴潮的多发区，沿岸经常遭受风暴潮与台风浪的袭击。每年影响南海的台风平均有 10 个左右，主要生成在 150°N 以北的南海北部海面，1～4 月很少，6～9 月增多，10～12 月台风生成区向南移到 150°N 以南的南海中部。风暴潮与巨浪对海岸的侵蚀作用具有突发性和局部性，其危害程度极为严重。

3.5.2 人为因素

（1）沿海地区超采地下水引起地面沉降

近几十年来，许多沿海地区因超采地下水而引起严重的地面沉降，地面沉降使沿岸标高越来越低，海平面相对上升，海水对海岸侵蚀加强，海岸不断后退。

（2）海岸工程

海岸工程修筑不合理，缺乏科学性，会加剧海岸的侵蚀破坏。近岸围填海工程建设造成沿岸水动力环境变化，往往造成部分岸段淤积，部分岸段强烈侵蚀，如琼海市龙湾港、博鳌镇珊瑚岛及三亚湾凤凰岛附近明显的海岸侵蚀，均与该处围填海项目有关，不同程度地加速了海岸侵蚀。

（3）人工采砂

沿岸的砂砾堤、海滩、海积阶地、沙坝、沙嘴等，是海岸的天然堤防。近年来，随着海岸带的开发，人们把这些砂石作为建筑材料和工业原料大量采挖，由于缺乏科学管理，开采量远大于补给量，海岸泥沙平衡失调，岸边坡度增大，引起波能至岸边集中释放，加剧海岸及水下堆积体的侵蚀，因此岸线迅速后退。

(4) 海岸生物的破坏

我国沿海从北到南分布着一定面积的生物海岸，生长着具有消波固岸和促淤造陆的芦苇、红树林、珊瑚礁等，这些海岸生物有"绿色长城"之称。前些年，辽河三角洲的毁苇种稻、广东和海南等地大量砍伐红树林和破坏珊瑚礁，加重了这些地段海浪和风暴潮的侵袭，使海岸迅速侵蚀后退，如海南清澜港和东方八所附近的岸线后退，以及海南陵水黎族自治县新村和野猪岛的海岸侵蚀。

3.6 海岸侵蚀趋势

海南岛四周环海，海岸线长度为1822.8km，其中自然岸线长度为1226.5km，占67.29%；海南岛自然岸线类型最主要的是砂质岸线，全长785.7km，占43.10%，砂质岸线的脆弱性，使其极易遭受海岸侵蚀而后退。

海岸侵蚀的自然变化主要取决于水动力强度与泥沙供应量，位于河口处的海口市东海岸和琼海市博鳌镇北侧岸段，如果河流上游采砂不禁止，河口处岸线将继续向陆地推进，沙滩沙量也将持续减少。大型围填海工程项目的建设，使周边水动力产生永久性的变化，造成附近部分岸段急剧侵蚀，随着沿海围填海项目的增多，该类型的海岸侵蚀也将逐渐增多。海南岛属于热带气旋影响频繁的地区，强烈天气过程带来的风暴潮、巨浪使沿岸发生的侵蚀后退无法避免，因此台风影响严重区域的侵蚀也将持续，而自然潮流、海浪造成的小海湾岬角侵蚀，将使部分岸段岸线逐渐平直化。

总之，如果自然岸线不加以防护，河流采砂不得以控制，以及越来越多的海洋工程建设影响，海南岛沿岸自然岸线的海岸侵蚀将出现加剧的趋势。

第 4 章 堤防沉降变化

海堤等海岸防护工程可有效抵御风暴潮、海浪、海平面上升等海洋灾害。我国的海堤建设已有两千多年的历史,历史上最早有记录的海堤是秦朝的"钱塘"。中华人民共和国成立后,国家和沿海地方政府都十分重视海堤建设,改革开放后我国海堤建设进入新的时期,沿海地区实施了大规模的海堤达标建设工程,极大地提高了海堤的防护能力。进入 21 世纪后,伴随国家相关规划的实施,我国进入全国性、大规模、高标准的''海堤建设和升级时期(俞元洪和成迪龙,2010)。海堤在抵抗海潮入侵和减轻海洋灾害方面发挥着重要作用,但与一些发达国家相比,中国海堤工程的防御能力普遍偏低,除了少数城市和工业区等重点防护区局部海堤标准较高,可达千年一遇外,其余大部分海堤一般只达到 20~100 年一遇的标准。沿海平原地区地面高程普遍较低,部分地区地面高程甚至处于当地平均高潮位或平均海平面以下,城市完全依赖防潮设施保护,遭遇风暴潮袭击时极易造成严重灾害;此外,海平面上升将使这些地区的防洪防潮问题更加突出,严重影响当地经济发展和人民生活安定,因此,未来海堤的设计应充分考虑海平面上升造成的影响。

海南省沿海市县均建设有不同等级标准的堤防,主要分布在各港口、码头及围填海工程等,通过调查筛选,考虑堤防防护的重要程度及实际工作情况,最终选取对海口市海甸岛、新埠岛和西海岸三处堤防进行沉降监测,以了解堤防沉降变化情况。

4.1 堤防沉降现场调查

4.1.1 海口市海甸岛堤防沉降测量

海甸岛位于海口市北部,地处南渡江河口三角洲,环抱于南渡江出海口分汊的横沟河和海甸溪之中,是一个典型的三角洲岛屿,也是海口市最大的岛屿。海甸岛同紧邻的新埠岛一起,形成南渡江三角洲的中心,南渡江在这里被分成三大股水道,从两岛屿两边和两岛屿之间分别注入琼州海峡。海甸岛通过三座大桥(世纪大桥、人民桥、和平桥)与海口市中心相连。海甸岛防洪(潮)堤总长度为 12.86km,建设标准为 50 年一遇,整个堤防工程分为两期建设,2011 年 6 月完成一期工程建设,建设起点为世纪大桥桥头,顺时针经美丽沙,终点为海甸二东路东端,二期工程和沿海道路共同建设。海南省海洋监测预报中心分别于 2016 年、2017 年和 2019 年对位于海甸岛西部到北部的堤防进行高程测量,以监测其沉降变化情况。

（1）测量路线布设

海口市海甸岛堤防沉降测量采用闭合水准路线方式布设，等级为三等。三等水准以 KZD9 为起算点，将 KZD7、KZD8、KZD11~KZD13 基准点和 H1~H68 沉降监测点纳入三等水准路线组成一条水准闭合环。海甸岛堤防沉降测量水准路线图见图 4-1。

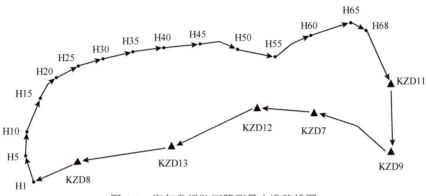

图 4-1　海甸岛堤防沉降测量水准路线图

（2）监测点及基准点分布

海口市海甸岛堤防共布设了 68 个监测点（其中 16 个监测点为 2019 年新建）、6 座沉降观测基准点，监测长度为 12.26km。海甸岛堤防沉降监测点及基准点分布见图 4-2。

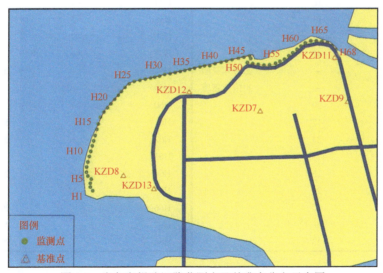

图 4-2　海甸岛堤防沉降监测点及基准点分布示意图

（3）堤防沉降测量

2016～2019年海甸岛堤防高程监测数据比对见表4-1。

表4-1　2016～2019年海甸岛堤防高程监测数据比对

监测点	2016～2019年沉降量/mm	备注	监测点	2016～2019年沉降量/mm	备注
H1	—	2019年新增	H35	−6	
H2	—	2019年新增	H36	−4	
H3	—	2019年新增	H37	−5	
H4	2		H38	1	
H5	3		H39	−3	
H6	−2		H40	−6	
H7	−37		H41	—	2019年新增
H8	−61		H42	−6	
H9	−59		H43	−6	
H10	−14		H44	−2	
H11	−9		H45	−1	
H12	−9		H46	—	2019年新增
H13	−10		H47	—	2019年新增
H14	−11		H48	−1	
H15	−9		H49	−4	
H16	−12		H50	—	2019年新增
H17	−24		H51	−5	
H18	−24		H52	−1	
H19	−23		H53	0	
H20	−16		H54	−1	
H21	−13		H55	−5	
H22	−17		H56	−7	
H23	−42		H57	−6	
H24	—	2019年新增	H58	—	2019年新增
H25	—	2019年新增	H59	−6	
H26	−20		H60	−1	
H27	−17		H61	—	2019年新增
H28	−24		H62	—	2019年新增
H29	−16		H63	2	
H30	−15		H64	—	2019年新增
H31	−29		H65	−12	
H32	−10		H66	—	2019年新增
H33	−9		H67	—	2019年新增
H34	−13		H68	—	2019年新增

（4）堤防高程变化分析

2019 年测量时，海甸岛堤防上布设的 H1、H2、H3、H24、H25、H41、H46、H47、H50、H58、H61、H62、H64、H66、H67、H68 共 16 个监测点被破坏，后在原有位置或附近区域重新布设点位。

2019 年监测数据与 2016 年监测数据比对，52 个监测点 3 年沉降量为–61～3mm，平均沉降量为–12mm，其中 47 个监测点出现沉降，最大沉降位置为 H8 监测点，沉降量为–61mm。2016～2019 年海甸岛堤防沉降各监测点高程变化见图 4-3～图 4-5。

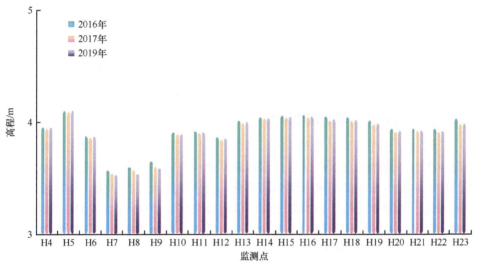

图 4-3　2016～2019 年海甸岛堤防沉降 H4～H23 高程对比图

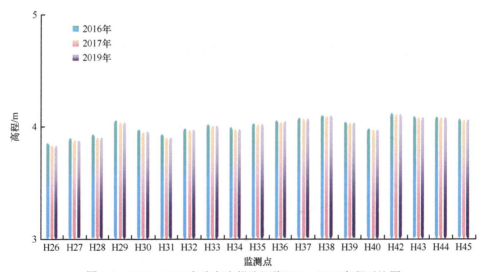

图 4-4　2016～2019 年海甸岛堤防沉降 H26～H45 高程对比图

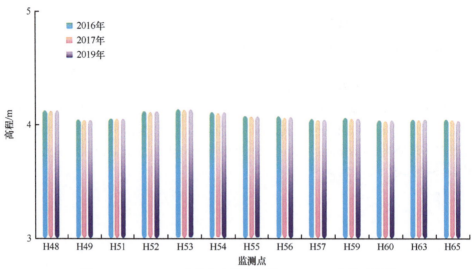

图 4-5　2016～2019 年海甸岛堤防沉降 H48～H65 高程对比图

4.1.2　海口市新埠岛堤防沉降测量

新埠岛位于海口市东北部，地处南渡江河口三角洲，夹在南渡江出海干流和横沟河之中。新埠岛三面环江，一面环海，地势低洼，台风影响期间，如逢南边南渡江上游的洪水下泄与风暴潮共同影响，会出现海水顶托倒灌，岛内极易出现严重内涝。监测岸段位于新埠岛北侧，该段堤防建于 2016 年，建设标准为 50 年一遇。新埠岛监测堤防长度约为 5km，海南省海洋监测预报中心分别于 2016 年、2017 年和 2019 年对其进行高程测量，以监测其沉降变化情况。

（1）测量路线布设

海口市新埠岛堤防沉降测量采用闭合水准路线方式布设，等级为三等。三等水准以 KZD6 为起算点，将 KZD5、KZD4、KZD10 基准点和 X1～X48 沉降监测点纳入三等水准路线组成一条水准闭合环。新埠岛堤防沉降测量水准路线图见图 4-6。

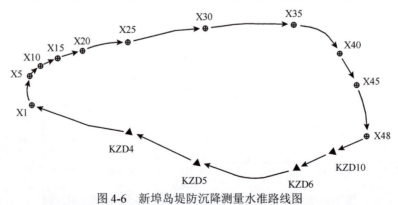

图 4-6　新埠岛堤防沉降测量水准路线图

（2）监测点及基准点分布

海口市新埠岛堤防共布设了 48 个监测点（其中 5 个监测点为 2019 年新建）、4 座沉降观测基准点，监测长度为 9.67km。新埠岛堤防沉降监测点及基准点分布见图 4-7。

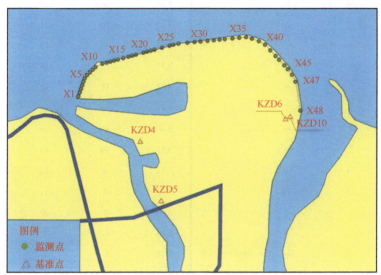

图 4-7　新埠岛堤防沉降监测点及基准点分布示意图

（3）堤防沉降测量

海南省海洋监测预报中心按设置的点位，分别于 2016 年、2017 年和 2019 年对海口市新埠岛堤防高程进行了三次测量，并根据测量值进行对比，计算出堤防沉降变化情况，见表 4-2。

表 4-2　2016～2019 年新埠岛堤防高程监测数据比对

监测点	2017～2019 年沉降量/mm	2016～2019 年沉降量/mm	备注	监测点	2017～2019 年沉降量/mm	2016～2019 年沉降量/mm	备注
X1	−1	−7		X9	−5	−59	
X2	0	−8		X10	−8	−79	
X3	−9	−17		X11	—	—	2019 年新增
X4	−19	−21		X12	−6	−14	
X5	−17	−66		X13	−5	−10	
X6	−19	−39		X14	1	−9	
X7	−8	−69		X15	−5	−10	
X8	−9	−53		X16	−8	−14	

续表

监测点	2017～2019年沉降量/mm	2016～2019年沉降量/mm	备注	监测点	2017～2019年沉降量/mm	2016～2019年沉降量/mm	备注
X17	—	—	2019年新增	X33	–10	–13	
X18	–4	–16		X34	–9	–10	
X19	–2	–10		X35	–10	–11	
X20	—	—	2019年新增	X36	–9	–15	
X21	4	–8		X37	–12	–16	
X22	1	–9		X38	–11	–17	
X23	–1	–7		X39	–9	–18	
X24	4	–6		X40	–41	–46	
X25	2	–9		X41	–74	–80	
X26	–4	–9		X42	–6	–16	
X27	–7	–14		X43	–4	–11	
X28	1	–9		X44	–1	–6	
X29	–3	–9		X45	4	–2	
X30	—	—	2019年新增	X46	5	–1	
X31	–8	–10		X47	4	6	
X32	—	—	2019年新增	X48	2	2	

（4）堤防高程变化分析

2019年测量时，新埠岛堤防上布设的X11、X17、X20、X30、X32共5个监测点被破坏，后在原有位置或附近区域重新布设点位。

2019年监测数据与2016年监测数据比对，43个监测点3年沉降量为–80～6mm，平均沉降量为–19mm，其中41个监测点出现沉降，最大沉降位置为X41监测点，沉降量为–80mm。2016～2019年新埠岛堤防沉降各监测点高程变化见图4-8和图4-9。

4.1.3 海口市西海岸堤防沉降测量

海口市西海岸堤防位于秀英区海口港以西至假日海滩沿海，由于该岸段位于海口湾湾底，台风影响期间，极易受风暴潮和近岸浪共同影响，造成堤防和护岸受损，导致沿岸出现海水倒灌。2015年，海口市政府对该段堤防进行了维修重建，新建护岸防护标准为100年一遇。海南省海洋监测预报中心于2016年和2019年分别对该段堤防进行了高程测量，以监测堤防沉降变化情况。

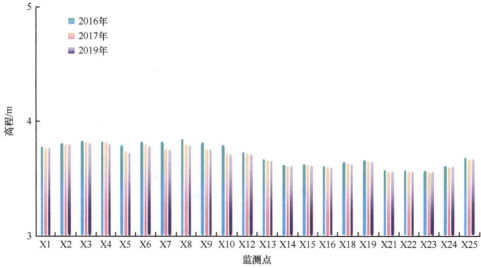

图 4-8　2016～2019 年新埠岛堤防沉降 X1～X25 高程对比图

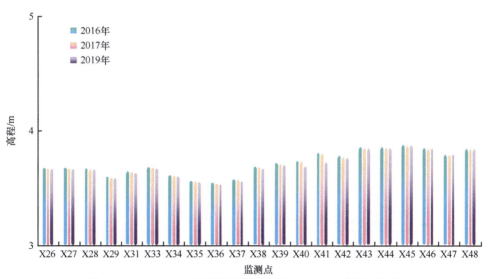

图 4-9　2016～2019 年新埠岛堤防沉降 X26～X48 高程对比图

(1) 测量路线布设

海口市西海岸堤防沉降测量采用闭合水准路线方式布设，等级为三等。三等水准以Ⅰ秀英为起算点，将 T1～T39 沉降监测点纳入三等水准路线组成一条水准闭合环。西海岸堤防沉降测量水准路线图见图 4-10。

(2) 监测点及基准点分布

海口市西海岸堤防共布设了 39 个监测点、6 座沉降观测基准点，监测长度为

8.74km。西海岸堤防沉降监测点及基准点分布见图 4-11。

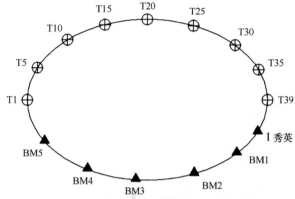

图 4-10　西海岸堤防沉降测量水准路线图

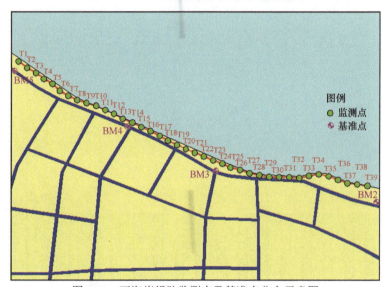

图 4-11　西海岸堤防监测点及基准点分布示意图

（3）堤防沉降测量

2016~2019 年西海岸堤防高程监测数据比对，见表 4-3。

表 4-3　2016~2019 年西海岸堤防高程监测数据比对

监测点	2016~2019 年沉降量/mm	备注	监测点	2016~2019 年沉降量/mm	备注
T1	−7		T6	−5	
T2	—	2019 年新增	T7	−7	
T3	−6		T8	−8	
T4	−7		T9	−7	
T5	−6		T10	−6	

续表

监测点	2016～2019年沉降量/mm	备注	监测点	2016～2019年沉降量/mm	备注
T11	−8				
T12	−6		T26	—	2019年新增
T13	−9		T27	—	2019年新增
T14	−6		T28	−7	
T15	−11		T29	−5	
T16	−6		T30	−6	
T17	−7		T31	−6	
T18	−6		T32	−8	
T19	−6		T33	—	2019年新增
T20	−6		T34	−20	
T21	−6		T35	−7	
T22	−6		T36	—	2019年新增
T23	−6		T37	−14	
T24	−5		T38	—	2019年新增
T25	—	2019年新增	T39	−5	

（4）堤防高程变化分析

2019年对西海岸堤防进行测量时，T2、T25、T26、T27、T33、T36、T38共7个监测点被破坏，后在原有位置或附近区域进行重新布设。2019年监测数据与2016年监测数据比对，海口市西海岸堤防3年沉降量为−20～−5mm，平均沉降量为−7mm，堤防年均沉降量为−2.33mm。进行监测的32个点位均出现不同程度沉降，其中最大沉降位置为T34监测点，沉降量为−20mm。2016～2019年海口市西海岸堤防沉降各监测点高程变化见图4-12和图4-13。

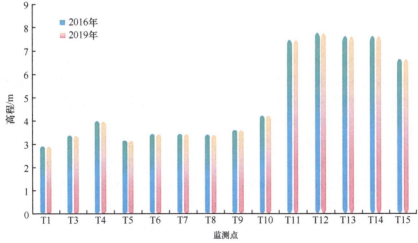

图4-12　2016～2019年海口市西海岸堤防沉降T1～T15高程对比图

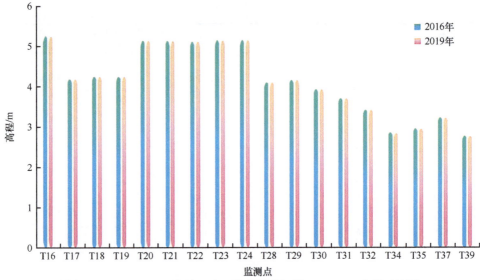

图 4-13　2016～2019 年海口市西海岸堤防沉降 T16～T39 高程对比图

4.2　海平面上升与海堤

海南省调查沿海堤防总长度约 179km，总体防护能力基本在 20 年一遇，最低仅 10 年一遇，少数沿海堤防防护能力达到了 50 年一遇以上。

（1）沿海堤防可有效抵御海平面上升

沿海堤防不仅可抵御风暴潮和波浪对防护区的危害，还可有效防御海平面上升给防护区带来的危害，高防护等级的堤防直接决定了海平面上升的影响范围，可有效降低海平面上升带来的经济损失及受灾人口数量。

（2）海平面上升将降低现有沿海堤防防护能力

海平面上升使沿岸高潮位升高，导致极值高潮位的重现期明显缩短，同时堤前水深增加，会引起波高加大，进而使波浪爬高增加，海平面上升还将抬升海水水位，加剧风暴潮等灾害的致灾程度，这样无疑会造成海水漫溢海堤的频次增加，甚至损毁堤防，使海堤防御能力下降。

近年来，中国沿海海平面呈持续上升趋势，在沿海堤防建设和维护时，应充分考虑海平面上升因素的影响。2017 年 7 月 27 日，发展改革委、水利部联合印发的《全国海堤建设方案》明确指出，"近年来，在气候持续变化和极端天气频发的影响下，我国沿海台风风暴潮灾害强度有增加的趋势，气候变化导致的海平面上升将抬升台风风暴潮发生时的基础水位，使得超设计水位可能性增大，进一步加剧台风风暴潮的致灾程度。在沿海地区新建和布局各类重大经济项目及基础设施时，需充分考虑海平面上升和台风风暴潮灾害增强等因素，提高海堤工程标准，加强海堤建设，提升抗御台风风暴潮冲刷和破坏的能力。"

国家海洋信息中心使用中国沿海长期验潮站近 50 年和重现期潮位数据，对全国海堤防护标准影响进行了评估，结果显示：在 RCP4.5 情景下海平面上升将使海口秀英站、东方站、清澜站 100 年一遇极值高水位重现期在 2050 年分别降低至 20~50 年一遇、5~10 年一遇和 20~50 年一遇；至 2100 年分别降低至 10~20 年一遇、小于 2 年一遇和 5~10 年一遇。

（3）海平面上升将威胁海堤的安全

海平面上升、潮差增大及潮位与波浪相互作用加强，会导致海浪、潮流直接侵蚀海堤的强度和概率增加，而且也可能引起岸滩冲淤变动，造成堤外港槽摆动贴岸，从而对海堤安全构成严重威胁。

海堤的岸滩与堤防的关系密不可分，岸滩的侵蚀一般是由波浪、海浪、潮汐等动力因素造成。天然海滩一般都在海浪及海流作用下不断发生变化，长期来说，海岸是稳定平衡的，只是短期（或季节性）大风浪作用会掀动岸滩，泥沙基本上垂直于海岸方向移动，造成岸滩冲淤。但对于有海堤的海岸，有的海岸动力平衡遭到破坏，水流、风浪、潮汐等侵蚀冲刷会造成岸滩破坏，进而导致海堤损毁。调查过程中发现，部分堤坝靠海一侧岸滩下蚀严重，堤防基础受到严重破坏，如遭遇强风暴潮，随时可能造成毁坝危险。未来规划堤坝建设时，需充分考虑海平面上升背景处波浪的淘浊作用。

（4）沿海堤防沉降将加剧海平面上升背景下堤防防护标准的影响

由于海堤依海而建，地基承载力相对较弱，因此沿海堤防的沉降是一个客观存在的问题，同时考虑海平面上升及堤防沉降量，堤防实际防护标准将明显低于原设计防护标准。在沿海堤防调查工作中，通过长期定点观测以获取海堤沉降情况具有重要的意义。在海口市海甸岛、新埠岛和西海岸三处堤防开展的海堤沉降勘测显示，监测海堤均存在不同程度的沉降情况：海甸岛堤防 2016~2019 年最大沉降-61mm，平均沉降-12mm；新埠岛堤防 2016~2019 年最大沉降-80mm，平均沉降-19mm；海口市西海岸堤防 2016~2019 年最大沉降-20mm，平均沉降-7mm。随着堤防沉降的持续，再伴随绝对海平面高度的上升，堤防实际的防护能力将逐年低于建设初期设计的防护标准。

参 考 文 献

俞元洪, 成迪龙. 2010. 浅谈海堤建设对我国经济社会发展的作用. 泉州: 中国水利学会滩涂湿地保护与利用专业委员会 2010 学术年会.

第 5 章 围填海区域沉降变化

围填海是缓解人地矛盾、拓展发展空间和促进经济发展的重要手段。目前，沿海地区的围填海规模已经超出了潮滩的自然淤涨速度，围填海在带来社会经济效益的同时，也不可避免地对海洋资源生态环境造成了负面影响。考虑到围填海区域地面沉降导致的相对海平面上升较为明显，自然资源部（原国家海洋局）为积极科学评估海平面上升给沿海地区社会经济发展带来的影响，决定将围填海区域地面沉降监测作为海平面上升影响调查评估工作的重要内容之一。海南省按照国家相关部门要求持续开展省内围填海区域的调查与沉降监测工作，以监测围填海区域地面沉降变化情况，保障社会经济的可持续发展和人民生产生活安全。

海南省有多个围填海区域，但并未全部投入使用，本项调查选取已建成并已开发利用的三亚市凤凰岛、东方市八所港老港区码头、洋浦海南炼化码头 3 处围填海区域进行沉降监测。对三亚市凤凰岛分别于 2016 年、2018 年和 2019 年进行沉降监测，对东方市八所港老港区码头和洋浦海南炼化码头围填海区域分别于 2015 年、2018 年和 2019 年进行沉降监测。

5.1 围填海区域地面高程监测及沉降变化

5.1.1 三亚市凤凰岛

三亚市凤凰岛位于三亚湾东南部，属于人工填岛，始建于 2002 年，占地面积 1258.8 亩。凤凰岛四面临海，由一座长 394m、宽 17m 的跨海大桥与三亚市区相连。凤凰岛一期工程由国际邮轮港、超星级酒店、国际养生度假公寓、国际游艇会、热带风情商业街、商务度假别墅和奥运主题公园等七大业态构成，其中国际养生度假公寓已经建成并投入使用。岛上的国际邮轮港 8 万 t 级邮轮泊位已经于 2006 年通航，这是中国第一个国际邮轮专用码头。

（1）测量路线布设

三亚市凤凰岛地面沉降测量采用闭合水准路线方式布设，等级为三等。三等水准以 FH1 为起算点，将 FH2、FH3 基准点和 1～25 沉降监测点纳入三等水准路线组成一条水准闭合环。三亚市凤凰岛地面沉降测量水准路线图见图 5-1。

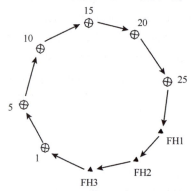

图 5-1 三亚市凤凰岛地面沉降测量水准路线图

第 5 章 围填海区域沉降变化 | 99

（2）监测点及基准点分布

三亚市凤凰岛共布设了 25 个监测点、3 座沉降观测基准点，监测长度为 4.94km。三亚市凤凰岛沉降监测点及基准点分布见图 5-2。

图 5-2 三亚市凤凰岛沉降监测点及基准点分布示意图

（3）地面沉降测量

利用三亚市凤凰岛各监测点 2016 年、2018 年和 2019 年高程监测数据进行比对，得出各监测点地面沉降变化数值，见表 5-1。

表 5-1 三亚市凤凰岛地面高程监测数据比对

监测点	2018～2019 年沉降量/mm	2016～2019 年沉降量/mm	监测点	2018～2019 年沉降量/mm	2016～2019 年沉降量/mm
T1	−1	−2	T14	0	−9
T2	−1	−5	T15	−1	−4
T3	1	−1	T16	1	−1
T4	0	1	T17	−3	−6
T5	−1	−4	T18	1	−2
T6	−1	−5	T19	0	−2
T7	−2	−6	T20	−1	−4
T9	−1	−7	T21	1	−1
T10	−2	−8	T22	0	−3
T11	−2	−9	T23	−1	−4
T12	−1	−6	T24	−2	−5
T13	−1	−8	T25	−2	−4

（4）地面高程变化分析

2019 年监测时，发现三亚市凤凰岛 T8 监测点被破坏。根据 2019 年监测数据与 2016 年监测数据比对，三亚市凤凰岛 3 年沉降量为–9～1mm，平均沉降量为–4.6mm。进行监测的 24 个监测点除 T4 监测点外均出现不同程度的沉降，其中最大沉降位置为 T11 和 T14 监测点，沉降量为–9mm。2019 年监测数据与 2018 年监测数据比对，1 年沉降量为–3～1mm，平均沉降量为–1mm，其中最大沉降位置为 T17 监测点，沉降量为–3mm。三亚市凤凰岛各监测点高程对比见图 5-3。

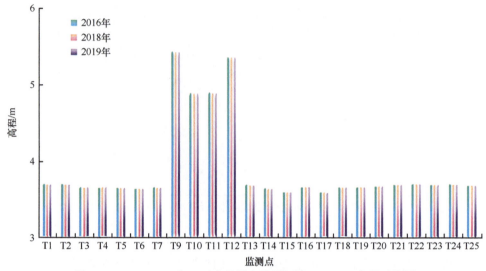

图 5-3　2016～2019 年三亚市凤凰岛地面沉降 T1～T25 高程对比图

5.1.2　东方市八所港老港区码头

东方市八所港老港区码头位于海南岛西岸中部，地处鱼鳞洲东北侧，老港区港池由西、北两防波堤围成。北防波堤为东西走向，稍带弧形，其东端与东码头北角相连，长约 781m；西防波堤位于 6 号泊位的北端，呈南北走向，长约 48m。两防波堤之间为港池入口，港口向西敞开，由一条长 1560m、宽 120m 的疏浚航道通向外海。

（1）测量路线布设

东方市八所港老港区码头地面沉降测量采用闭合水准路线方式布设，等级为三等。三等水准以 GPS05 为起算点，将 BM1 沉降观测基准点和 1#1～4#18、K1～K13、CJ1～CJ26 监测点纳入三等水准路线组成一条水准闭合环。东方市八所港老港区码头地面沉降测量水准路线图见图 5-4。

（2）监测点及基准点分布

东方市八所港老港区码头共布设了 90 个监测点、2 座沉降观测基准点，监测长度为 4.28km。东方市八所港老港区码头地面沉降监测点及基准点分布见图 5-5。

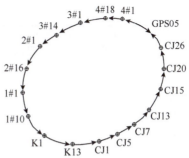

图 5-4　东方市八所港老港区码头
地面沉降测量水准路线图

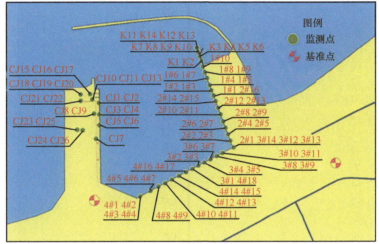

图 5-5　东方市八所港老港区码头地面沉降监测点及基准点分布示意图

（3）地面沉降测量

利用东方市八所港老港区码头各监测点 2015 年、2018 年和 2019 年高程监测数据进行比对，得出各监测点沉降变化数值，见表 5-2。

表 5-2　东方市八所港老港区码头地面高程监测数据比对

监测点	2018~2019 年沉降量/mm	2015~2019 年沉降量/mm	备注	监测点	2018~2019 年沉降量/mm	2015~2019 年沉降量/mm	备注
1#1	−1	2		1#8	1	4	
1#2	−1	1		1#9	1	1	
1#3	0	2		1#10	1	3	
1#4	0	5		2#1	0	1	
1#5	0	−7		2#2	1	3	
1#6	0	2		2#3	1	3	
1#7	1	−2		2#4	1	3	

续表

监测点	2018~2019年沉降量/mm	2015~2019年沉降量/mm	备注	监测点	2018~2019年沉降量/mm	2015~2019年沉降量/mm	备注
2#5	0	2		4#18	0	1	
2#8	0	3		K1	1	0	
2#10	—	—	2019年新增	K2	1	1	
2#11	0	2		K3	1	1	
2#12	—	—	2019年新增	K4	1	1	
2#14	0	2		K5	1	1	
2#15	—	—	2019年新增	K6	1	−1	
2#16	—	—	2019年新增	K7	1	1	
3#1	0	2		K8	1	2	
3#2	0	1		K9	2	2	
3#3	0	1		K10	2	4	
3#4	−6	−4		K11	1	2	
3#5	−3	−2		K12	0	1	
3#6	−2	0		K13	1	2	
3#7	−2	−6		CJ1	−1	−2	
3#8	−2	1		CJ2	−1	−3	
3#9	−1	2		CJ3	2	4	
3#10	−2	0		CJ4	2	3	
3#11	1	3		CJ5	1	1	
3#12	−1	0		CJ6	1	2	
3#13	−2	0		CJ7	0	−3	
3#14	0	−1		CJ8	0	−1	
4#1	1	2		CJ9	1	0	
4#2	1	−10		CJ10	−1	−12	
4#3	1	−9		CJ11	0	−9	
4#5	0	3		CJ13	1	−2	
4#6	0	3		CJ15	1	1	
4#7	0	3		CJ16	1	−2	
4#8	−1	2		CJ17	2	1	
4#9	−1	−5		CJ18	1	0	
4#10	−1	1		CJ19	1	1	
4#11	−1	0		CJ20	1	−1	
4#12	−1	1		CJ21	1	−1	
4#13	0	0		CJ22	2	1	
4#14	−1	−1		CJ23	0	0	
4#15	0	2		CJ24	0	1	
4#16	2	3		CJ25	0	1	
4#17	1	3		CJ26	−1	−2	

（4）地面高程变化分析

2019 年监测时，发现东方市八所港老港区码头 2#10、2#12、2#15、2#16 共 4 个监测点被破坏，后在原有位置或附近区域重新布设。东方市八所港老港区码头 2019 年监测数据与 2015 年监测数据比对，4 年沉降量为–12～5mm，最大沉降位置为 CJ10 监测点，沉降量为–12mm。2019 年监测数据与 2018 年监测数据比对，1 年沉降量为–6～2mm，最大沉降位置为 3#4 监测点，沉降量为–6mm。2015 年、2018 年和 2019 年监测的 86 个点位中，有 22 个点位出现不同程度的沉降，平均沉降量为–3.91mm，最大沉降量为–12mm。

东方市八所港老港区码头各监测点地面高程对比见图 5-6～图 5-9。

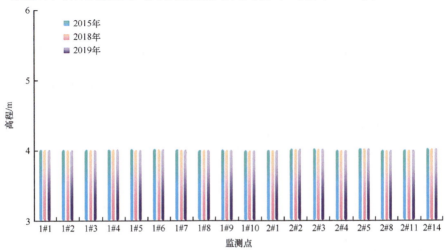

图 5-6　2015～2019 年东方市八所港老港区码头地面沉降 1#1～2#14 高程对比图

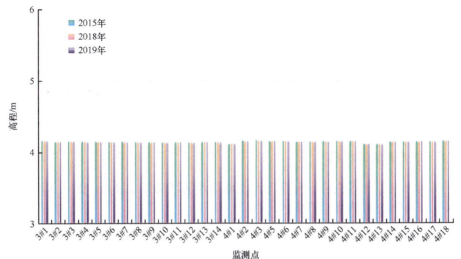

图 5-7　2015～2019 年东方市八所港老港区码头地面沉降 3#1～4#18 高程对比图

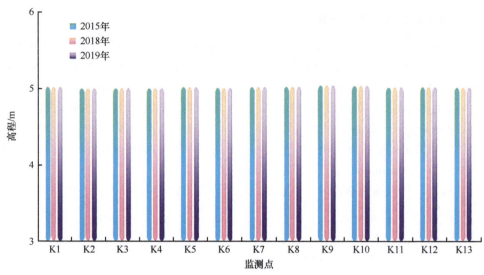

图 5-8　2015～2019 年东方市八所港老港区码头地面沉降 K1～K13 高程对比图

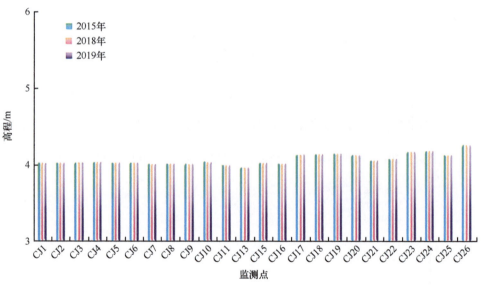

图 5-9　2015～2019 年东方市八所港老港区码头地面沉降 CJ1～CJ26 高程对比图

5.1.3　洋浦海南炼化码头

洋浦海南炼化码头位于海南岛西北部的洋浦经济开发区内，是中国石化海南炼油化工有限公司的货运码头。

（1）测量路线布设

洋浦海南炼化码头地面沉降测量采用闭合水准路线方式布设，等级为三等。

三等水准以 L5 为起算点，将 L4 沉降观测基准点和 1～16～DL29-1～DL36-1B～DL29-1B 点、0-260～0+079～7-1～6-5～X5～D8-9 纳入三等水准路线组成两条水准闭合环。洋浦海南炼化码头地面沉降测量水准路线图见图 5-10、图 5-11。

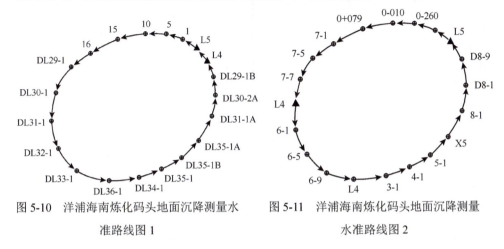

图 5-10　洋浦海南炼化码头地面沉降测量水准路线图 1

图 5-11　洋浦海南炼化码头地面沉降测量水准路线图 2

（2）监测点及基准点分布

洋浦海南炼化码头共布设了 95 个监测点、2 座沉降观测基准点，监测长度为 6.37km。

（3）地面沉降测量

利用洋浦海南炼化码头各监测点 2015 年、2018 年和 2019 年高程监测数据进行比对，得出各监测点地面沉降变化数值，见表 5-3。

表 5-3　洋浦海南炼化码头地面高程监测数据比对

监测点	2018～2019 年沉降量/mm	2015～2019 年沉降量/mm	备注	监测点	2018～2019 年沉降量/mm	2015～2019 年沉降量/mm	备注
1	—	—	2019 年新增	12	−11	−42	
2	—	—	2019 年新增	13	−12	−45	
3	—	—	2019 年新增	14	−10	−37	
4	−4	−7		15	−10	−34	
5	−5	−12		16	−11	−41	
6	−6	−18		DL36-1	−9	−59	
7	−7	−27		DL35-1	−9	−57	
8	−10	−38		DL34-1	−8	−56	
9	−10	−39		DL33-2	−9	−54	
10	−10	−33		DL33-1	−10	−60	
11	−10	−36		DL32-2	−11	−61	

续表

监测点	2018～2019年沉降量/mm	2015～2019年沉降量/mm	备注	监测点	2018～2019年沉降量/mm	2015～2019年沉降量/μμ	备注
DL32-1	−11	−61		4-1	3	−15	
DL31-1	−9	−56		4-2	3	−15	
DL30-2	−10	−58		5-1	2	−15	
DL30-1	−9	−55		5-2	2	−15	
DL29-1	−12	−57		X1	0	−25	
DL36-1A	−10	−56		X2	0	−28	
DL35-1A	−11	−58		X3	−1	−33	
DL34-1A	−11	−52		X4	−2	−38	
DL33-2A	−10	−52		X5	−3	−42	
DL33-1A	−9	−56		6-1	1	−18	
DL32-2A	−12	−60		6-2	3	−16	
DL32-1A	−10	−57		6-3	3	−17	
DL31-1A	−8	−55		6-4	2	−18	
DL30-2A	−9	−56		6-5	2	−17	
DL30-1A	−8	−52		6-6	3	−15	
DL29-1A	−8	−61		6-7	2	−17	
DL36-1B	−10	−55		6-8	2	−16	
DL35-1B	−10	−53		6-9	2	−18	
DL34-1B	−13	−55		7-1	5	−18	
DL33-2B	−8	−48		7-2	6	−13	
DL33-1B	−8	−49		7-3	6	−15	
DL32-2B	−8	−51		7-4	6	−15	
DL32-1B	−9	−53		7-5	7	−15	
DL31-1B	−7	−50		7-6	6	−14	
DL30-2B	−8	−50		7-7	6	−15	
DL30-1B	−7	−48		8-1	2	−18	
DL29-1B	−6	−48		8-2	2	−18	
0-260	0	−15		D8-1	−2	−38	
0-160	1	−15		D8-2	−1	−39	
0-060	1	−16		D8-3	−2	−43	
0-010	0	−16		D8-4	−1	−41	
0+007	1	−16		D8-5	−1	−41	
0+087	0	−17		D8-6	1	−39	
0+020	0	−21		D8-7	1	−40	
0+079	0	−23		D8-8	−1	−44	
3-1	5	−14		D8-9	−1	−51	
3-2	1	−13					

（4）地面高程变化分析

2019年监测时，发现洋浦海南炼化码头 1、2、3 监测点被破坏，后在原有位置或附近区域重新布设点位。2019 年监测数据与 2015 年监测数据比对，4 年沉降量为 –61～–7mm，平均沉降量为 –35.6mm。92 个监测点均出现不同程度的沉降，其中最大沉降位置为 DL32-2、DL32-1、DL29-1A 监测点，沉降量为 –61mm。2019 年监测数据与 2018 年监测数据比对，1 年沉降量为 –13～7mm，平均沉降量为 –4mm，最大沉降位置为 DL34-1B 监测点，沉降量为 –13mm。洋浦海南炼化码头各监测点高程对比见图 5-12～图 5-17。

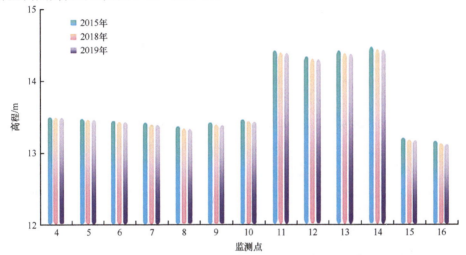

图 5-12　2015～2019 年洋浦海南炼化码头地面沉降 4～16 高程对比图

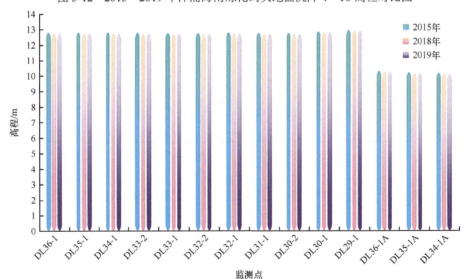

图 5-13　2015～2019 年洋浦海南炼化码头地面沉降 DL36-1～DL34-1A 高程对比图

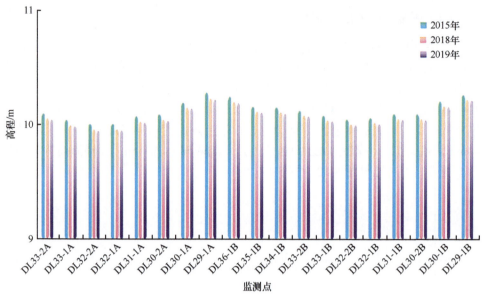

图 5-14　2015~2019 年洋浦海南炼化码头地面沉降 DL33-2A~DL29-1B 高程对比图

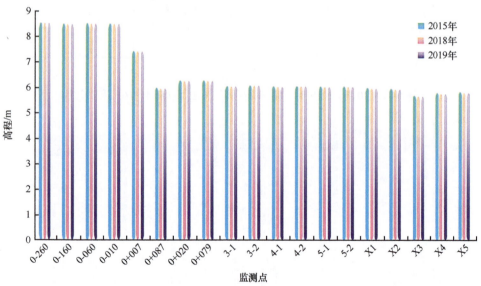

图 5-15　2015~2019 年洋浦海南炼化码头地面沉降 0-260~X5 高程对比图

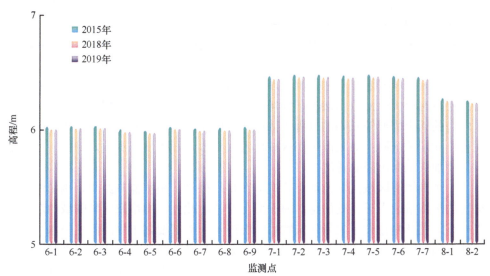

图 5-16　2015～2019 年洋浦海南炼化码头地面沉降 6-1～8-2 高程对比图

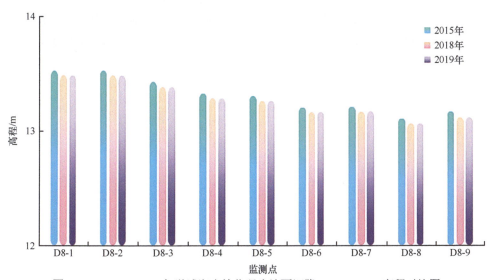

图 5-17　2015～2019 年洋浦海南炼化码头地面沉降 D8-1～D8-9 高程对比图

5.2　围填海区域沉降变化分析

根据几年连续监测数据，三亚市凤凰岛 2016 年、2018 年和 2019 年监测 24 个点位，其中有 23 个点位出现不同程度的沉降，平均沉降量为-4.6mm，最大沉降量为-9mm。东方市八所港老港区码头 2015 年、2018 年和 2019 年监测 86 个点位，其中 22 个点位出现不同程度的沉降，平均沉降量为-3.91mm，最大沉降量为-12mm。洋浦海南炼化码头 2015 年、2018 年和 2019 年监测的 92 个点位，均出现不同程度的沉降，平均沉降量为–35.6mm，最大沉降量为–61mm。

监测结果表明，洋浦海南炼化码头沉降最为明显，最大沉降量达到–61mm，三亚市凤凰岛沉降量次之，东方市八所港老港区码头沉降量最小。一般而言，新建的围填海区域普遍存在地面沉降现象，围填海区域原本为淤泥所覆盖，而围填海土层也有很大一部分由淤泥、回填的松软土层组成，在自然状态下，这些含水量较高的软土需要较长期的过程，才能达到固结密实，在此期间，围填海区域地面会不断缓缓沉降；如果围填海区域内大兴土木，开挖地基深坑，降低了地下水位，会加快地面沉降的速度。

3个围填海区域沉降监测点均选取在堤防外侧，根据监测结果，围填海区域堤防的沉降量远大于该处的绝对海平面上升值。此外，围填海区域陆域的沉降也很严重，尤其是建设了大量建筑物后，沉降量一般都要高于堤防的沉降水平。某一地点的实际海平面变化是全球海平面上升值与当地陆地上升或下降之和，某处地面沉降量越大，意味着当地相对海平面的上升值越大。近年来，国内外相关领域科学家十分重视相对海平面研究，1990年联合国教育、科学及文化组织发布的海平面变化研究报告指出"研究海平面必须包括海面和陆地的变化"。因此，围填海区域沉降意味着该区域受海平面上升带来的影响比其他区域会更严重。

第 6 章 风暴潮灾害

风暴潮是指由强烈的大气扰动,如热带气旋、温带气旋等,引起的海面异常升降的现象。风暴潮引起的沿岸海水高涨造成的人员伤亡、基础设施损毁、财产损失等,称为风暴潮灾害。风暴潮灾害是沿海地区最为常见的自然灾害之一,海南岛周边海域的风暴潮主要由热带气旋引发。海平面上升会抬高风暴增水的基础水位,如果风暴潮影响期间又恰逢季节性高海平面和天文大潮,高海平面、风暴增水和天文大潮三者叠加就会形成极值高水位,会加剧风暴潮灾害的致灾程度。

当热带气旋靠近或在海南岛沿海登陆时,基本上都会产生风暴潮过程,据 1953～2009 年的资料统计,海南岛沿岸增水≥30cm 的次数有 188 次(以收集到的资料统计),平均每年有 3.3 次,其中发生在 7～10 月的占总数的 82%;增水≥50cm 的次数有 110 次,平均每年有 1.9 次,其中发生在 7～10 月的占总数的 83%;增水≥100cm 的次数有 31 次,平均约每 2 年有 1 次,其中发生在 7～9 月的占总数的 81%;增水≥150cm 的有 12 次,共有 10 年出现过;增水≥200cm 的次数有 5 次,共有 4 年出现过。在所有产生的风暴潮过程中,超当地警戒潮位的共有 76 次,平均每年 1.3 次,超当地警戒潮位 30cm 以上的则有 36 次,平均每年 0.6 次。

2009～2019 年海南省在进行海平面变化影响调查期间,共有 19 个热带气旋登陆海南岛,有 7 个在海南岛周边引发了不同程度的风暴潮过程,另外,从海南岛北边登陆湛江的 1522 号强台风"彩虹"和从海南岛南边登陆越南北部的 1719 号强台风"杜苏芮"也在海南岛周边引发了风暴潮过程。每次风暴潮过程均在海南岛周边造成不同程度的经济损失,风暴潮灾害主要发生在海南岛东北部和东部沿岸,影响最严重的区域为海南岛东北部,根据海平面变化影响调查评估任务要求,海南省对 2009～2019 年的 9 次风暴潮过程进行了灾后调查,见表 6-1。

表 6-1　2009～2019 年在海南岛引发风暴潮的台风的基本情况

序号	名称	最大级别	登陆地点	登陆时间	登陆时中心附近最大风速/(m/s)	最大增水/cm	渔业直接经济损失/亿元
1	0917 号"芭玛"	SST	万宁	2009 年 10 月 12 日	23	63	0.494 01
2	1108 号"洛坦"	TS	文昌	2011 年 7 月 29 日	28	89	3.773 9
3	1117 号"纳沙"	ST	文昌	2011 年 9 月 29 日	42	196	17.281 3
4	1119 号"尼格"	ST	万宁	2011 年 10 月 4 日	25	88	2.661 64
5	1409 号"威马逊"	SST	文昌	2014 年 7 月 18 日	60	221	27.316 655
6	1415 号"海鸥"	T	文昌	2014 年 9 月 16 日	40	209	9.26
7	1522 号"彩虹"	ST	湛江	2015 年 10 月 4 日	50	81	0.328 86

续表

序号	名称	最大级别	登陆地点	登陆时间	登陆时中心附近最大风速/(m/s)	最大增水/cm	渔业直接经济损失/亿元
8	1621 号"莎莉嘉"	SST	万宁	2016 年 10 月 18 日	45	110	3.538 028
9	1719 号"杜苏芮"	ST	越南北部	2017 年 9 月 15 日	45	67	—
			经济损失合计				64.654 393

6.1 0917 号热带风暴"芭玛"风暴潮灾害调查

6.1.1 起因

位于菲律宾东部洋面的热带低压于 2009 年 9 月 29 日 8 时左右加强成为第 17 号热带风暴"芭玛"（Parma），生成后稳定向西北向移动，强度逐渐增大，最强时中心最大风力为 16 级（55m/s），该系统在巴士海峡附近至菲律宾北部盘旋数日后，于 10 月 9 日 8 时左右进入南海，向偏西向移动，10 月 12 日 9 时 50 分"芭玛"在海南省万宁市龙滚镇一带沿海登陆，登陆时中心附近最大风力为 9 级（23m/s），登陆后向西北偏西向移动，横越海南岛，于 10 月 12 日 20 时左右进入北部湾海面，向偏西向移动，10 月 14 日 17 时左右在越南北部一带沿海登陆后，逐渐减弱为低气压消失。

6.1.2 灾害发生时间

灾害发生时间为 2009 年 10 月 11～13 日。

6.1.3 受灾地区

海南岛四周沿岸均受到热带风暴"芭玛"的巨浪影响，各岸段都受到不同程度的风暴增水影响，海南岛北部的海口市一带沿海受风暴增水影响，出现超过当地警戒潮位的高潮位。

6.1.4 现场调查

2009 年 10 月 12 日，海南省海洋监测预报中心成立调查小组，在风暴潮影响期间对海口市部分沿岸进行了实地调查。

2009 年 10 月 26 日，海南省海洋监测预报中心对海口市西海岸海洋世界附近受风暴潮影响发生海岸侵蚀的情况进行了实地调查，受 0917 号超强台风"芭玛"风暴潮和海浪的共同影响，调查区域海岸带侵蚀较为严重，数百米长的海岸后退 10m 以上，绿化带的绿地及防护林受损严重，图 6-1～图 6-3 为调查期间所拍摄的图片。

图 6-1 受损的绿化带

图 6-2 受损的防护堤

图 6-3 受损的海岸

6.1.5 灾害损失

0917 号超强台风"芭玛"在南海掀起 4m 以上的巨浪达 11d。根据海口市秀英站实测潮位资料统计分析，10 月 12 日最大增水为 63cm，当日 10 时 20 分达最高潮位 320cm（当地基面，本书后面如无说明，潮位值均以当地验潮站水尺零点起算），超当地警戒潮位 30cm。

0917 号"芭玛"在海南岛肆虐 12h，对海南省造成了严重影响。据海南省"三防"办统计资料，截至 10 月 13 日 15 时，海南省 15 个市（县）158 个乡镇受灾，受灾人口达 163 万人，死亡 3 人，失踪 1 人，造成直接经济损失 2.3 亿元。海南省海洋与渔业厅的统计资料显示，受 0917 号台风"芭玛"的影响，海南省渔业直接经济损失达 4940.1 万元，其中水产养殖直接经济损失 3579.1 万元；沉船 14 艘，损坏 20 艘，经济损失 217 万元；渔港码头受损 131m，防波堤受损 246m，护岸受损 48m，道路损坏 900m，经济损失 1140 万元；其他经济损失 4 万元。

6.2　1108 号强热带风暴"洛坦"风暴潮灾害调查

6.2.1 起因

1108 号强热带风暴"洛坦"由菲律宾东部的低压云团在南海发展而成，该系统 2011 年 7 月 25 日加强为热带低压，低压中心以 15km/h 左右的速度向西北偏西向移动，强度逐渐加大，于 2011 年 7 月 26 日加强为热带风暴后向西北偏西向移动,横穿菲律宾后进入南海,在南海中部增强为强热带风暴,并于7月29日17时40分在海南省文昌市龙楼镇沿海登陆,登陆时中心附近最大风力达10级(28m/s),气压为980hPa。"洛坦"登陆后向偏西向移动,7月30日凌晨从海南省昌江黎族自治县移入北部湾海面继续西行,7月30日17时10分在越南清化省北部沿海再次登陆,登陆时中心附近最大风力达10级(28m/s),中心最低气压为982hPa。随后,"洛坦"在越南北部减弱为热带低压,7月31日2时中央气象台对其停止编号。

该系统给海南岛带来狂风骤雨和巨浪,海南岛沿岸普遍出现风暴增水、风灾和浪灾。海南省海洋监测预报中心对受该系统影响的地区进行了灾情调查。

6.2.2 灾害发生时间

灾害发生时间为2011年7月29～30日。

6.2.3 受灾地区

海南岛四周沿岸均受到强热带风暴"洛坦"的巨浪影响,各岸段都受到不同程度的风暴增水影响,由于系统强度不大,海浪只对部分区域造成一定灾害损失;北部的海口市一带沿海受风暴增水影响,出现超过当地警戒潮位的高潮位。

6.2.4 自然变异调查结果

1. "洛坦"概况

强热带风暴"洛坦"是2011年第一个登陆海南岛的热带气旋,给海南岛带来了充足的降水。

2. "洛坦"特点

第一个特点是移速变化大,"洛坦"前期在菲律宾吕宋岛以东时移速较慢,每小时15km左右;由吕宋岛移入南海后,"洛坦"处于一个加强型的辐合带之中,北侧维持带状高压,偏东风较强,系统移速加快,以25～30km/h的移动速度向偏西方向移动。

第二个特点是"洛坦"云系结构呈现非对称的特征,主要的强对流和强降水云系集中在它的南侧。

第三个特点是局地降水强度大。海南省自动气象站统计资料显示,7月29日8时至30日8时,海南岛西部出现特大暴雨,最大强度出现在东方市天安乡,降水量达552mm,海南省水库蓄水增加4.1亿m^3。

3. 海浪概况

根据国家海洋环境预报中心的海浪实况速报资料,7月27日南海东部出现了 3~5m 的大浪到巨浪区；7 月 28~29 日，南海中部出现了 5~7m 的巨浪到狂浪区；7 月 30 日 4 时，南海北部和北部湾出现了 3~5m 的大浪到巨浪区。

4. 风暴潮概况

1108 号强热带风暴"洛坦"在南海中部向偏西向移近海南岛的过程中，外围及中心大风导致海南岛四周沿岸均有不同程度的风暴增水，其中海口出现超当地警戒潮位的高潮位，清澜最高潮位接近当地警戒潮位。海南岛沿岸验潮站资料显示，秀英站 7 月 28 日出现 30cm 以上的增水，并逐渐加大，至 29 日 16 时 14 分最高潮时增水达最大值 89cm，最高潮位 304cm，超当地警戒潮位 14cm；清澜站 7 月 28 日出现 30cm 以上的增水，并逐渐加大，至 29 日 20 时增水达最大值 62cm，最高潮位 218cm，出现在 29 日 9 时 33 分，距当地警戒潮位 22cm；三亚站 7 月 29 日 17 时出现 30cm 以上的增水，并逐渐加大，至 30 日 0 时增水达最大值 44cm，最高潮位 227cm，出现在 30 日 9 时 49 分，未超当地警戒潮位；东方站增水不明显。各站潮位和增水曲线见图 6-4~图 6-7。

6.2.5 灾害调查情况

7 月 29 日，预计 1108 号"洛坦"将在海南岛东北部一带沿海登陆，会对海南岛造成较大影响，在其影响过程中，海南省海洋监测预报中心立刻组织人员对 1108 号"洛坦"的影响过程及其对海南岛沿岸造成的灾害进行调查。

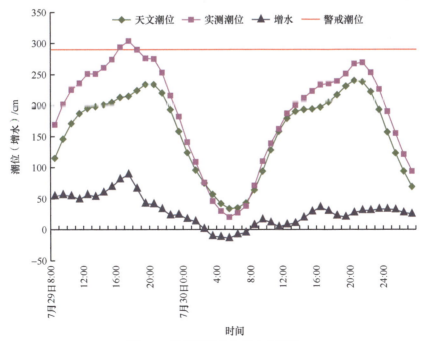

图 6-4　秀英站潮位和增水曲线图

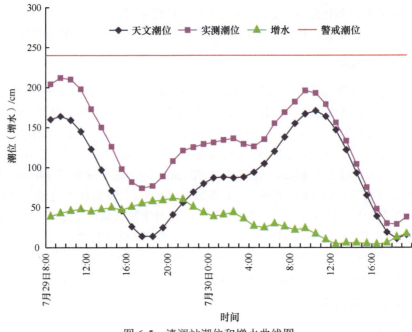

图 6-5　清澜站潮位和增水曲线图

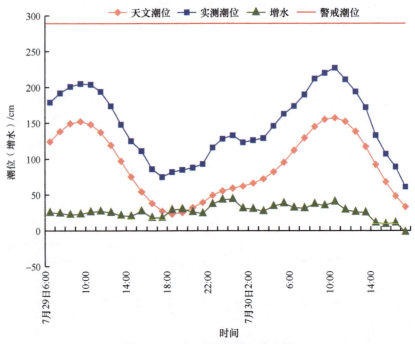

图 6-6　三亚站潮位和增水曲线图

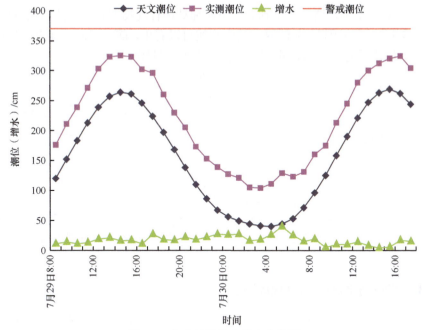

图 6-7 东方站潮位和增水曲线图

1. 调查时间、路线

（1）调查时间

调查时间为 2011 年 7 月 29 日至 8 月 6 日。

（2）调查路线

1108 号"洛坦"于 7 月 29 日下午在文昌市沿海登陆，其对海南岛北部、东部到南部影响较大，因此调查路线定为海口市—文昌市—琼海市—万宁市—陵水黎族自治县—三亚市。

2. 海口市现场调查

7 月 29 日，受 1108 号"洛坦"的影响，海口市沿海风急浪高，预计"洛坦"将于下午到傍晚在文昌市一带沿海登陆，海口市沿海从凌晨开始涨潮，18 时 30 分左右海口市达最高潮位，1108 号"洛坦"引发的风暴增水将极有可能与高潮位叠加，预计海口市沿海高潮期的潮位将超过当地警戒潮位。

7 月 29 日下午，调查队来到海口港附近沿海进行现场调查，到达海边时，现场风力可达 7~8 级，阵风 9~10 级，海上风急浪大，潮水已涨至护岸顶，海浪拍打在护岸上，海水涌到岸上，见图 6-8。海口市西海岸滨海大道上部分公共设施被风吹倒，绿化带上个别椰子树被风刮倒。

7月30日上午，调查队来到海口市海甸岛进行现场调查，白沙门至海甸岛西部前两年新建了防潮堤，从沙滩上的水痕线可以看出，前一日潮水淹至护岸底部，护岸部分岸段受海水冲刷，底部块石裸露出来，见图6-9。

图6-8　7月29日下午海口港附近海岸海水涌到岸上　　图6-9　受海水冲刷白沙门护岸底部裸露的块石

3. 海南岛东部沿海市县现场调查

调查队又一路到达文昌市、琼海市、万宁市、陵水黎族自治县，通过现场调查分析，这几个市县受1108号"洛坦"的影响不大，港口、风景旅游区等已恢复正常营运。

调查队到达万宁市时，顺路取道石梅湾对海南省海洋监测预报中心提供专项服务的游艇码头建设服务单位的预报区域现场地形环境进行实地踏勘，同时，对专项服务满意度进行了解。该公司负责人表示，海南省海洋监测预报中心发送预报的准确度较高，灾害期间预警报发送及时，能够满足项目工程建设需要。

4. 三亚市现场调查

8月3日，调查队来到三亚市三亚湾进行现场调查。三亚湾位于三亚市区，是三亚市重要的海湾，十余千米的海滩种植有成片的椰林，被誉为"椰梦长廊"，是外来游客和三亚本地市民休闲的重要场所，每天有数万人在三亚湾观光休闲。

从调查现场看到，三亚湾沿岸的部分基础设施被1108号"洛坦"引发的大浪打得支离破碎，这些被损毁的基础设施是三亚市2010年10月进行三亚湾改造的一部分，在三亚湾海月广场至新风路路口看到，沿途约2km的海滩上凌乱不堪，海滩被严重侵蚀，海滩上原本修建的连接街道和海滩的通道，以及蜿蜒在椰林里的步行通道被严重损毁，沿途17处连接街道和海滩的通道无一幸免（图6-10和图6-11）。

《国际旅游岛商报》对上述情况进行了报道。报道称，8月2日下午，三亚市园林环卫管理局在调查后给出了答复，据相关负责人反馈，毁坏严重的那条步行通道下铺设有雨水井，这次主要是因为雨水井被冲毁，才导致步行通道垮塌，待排水系统健全后，情况将大为改观。

图 6-10　标识牌被海浪打倒　　　　图 6-11　人行通道被海浪掏空

5. 海南岛西部灾害情况

由于时间关系,未对海南岛西部沿岸进行实地调查,依据海南省海洋与渔业厅的渔业受灾情况统计资料,1108 号"洛坦"对乐东黎族自治县造成了一定的损失。

受 1108 号"洛坦"的影响,在建的岭头一级渔港南防波堤堤头被冲毁 30m,会车平台损毁 1 个,610m 堤坝上块石、空心方块被不同程度损毁,据测算和统计,损失石方 3630m³,空心方块失去 26 块,移位的四脚方块和空心方块有 80 块,合计损失 50 万元。另外,岭头渔港护岸被风浪严重冲击,损毁长 300m,宽 8m,危及民房,进港公路、小桥被不同程度冲毁。

6.2.6　"洛坦"灾害损失

菲律宾国家减灾管理委员会 7 月 30 日发布的第 11 份"洛坦"灾情公报显示,"洛坦"已造成菲律宾 50 人死亡、40 人受伤,另有 25 人失踪,20 个省份 19.2 万个家庭 96.8 万人受灾,34.9 万人被迫栖身避难中心。

7 月 30 日,据海南省"三防"办统计,1108 号强热带风暴"洛坦"使海南省 12 个市县、126 个乡镇受灾,受灾人口 75.62 万人,死亡 2 人,造成渔业直接经济损失 3.7739 亿元,其中水利设施损失 0.5908 亿元,农作物受灾面积 18.624 hm²,水库蓄水增加 4.1 亿 m³。

据国家防总发布的消息,截至 7 月 30 日凌晨,海南全省共安全转移 189 033 人,有效减轻了人员伤亡。

6.3　1117 号强台风"纳沙"海洋灾害调查

6.3.1　起因

1117 号强台风"纳沙"由菲律宾东部的低压云团发展而成,该系统于 2011 年 9 月 24 日加强为热带风暴,向偏西向移动,之后加强为强台风,横穿菲律宾后进入南海,在南海中部再次加强为强台风,于 9 月 29 日 14 时 30 分前后在海南省文昌市翁田镇沿海登陆,登陆时中心附近最大风力达 14 级(42m/s),之后进入北部湾。9月29日21时15分前后，该系统在广东省徐闻县角尾乡沿海再次登陆，登陆时中心附近最大风力达12级（35m/s），中心最低气压为968 hPa，以15km/h左右的速度继续向西北偏西向移动。9月30日11时30分前后，"纳沙"以强热带风暴的级别在越南北部广宁沿海附近再次登陆，登陆时中心附近最大风力达11级（30m/s），之后逐渐减弱为低气压消失。

1117号强台风"纳沙"给海南岛带来狂风骤雨和巨浪，海南岛沿岸普遍出现风暴增水、风灾和海浪灾害。海南省海洋监测预报中心对受该系统影响的地区进行了灾情调查。

6.3.2 灾害发生时间

灾害发生时间为2011年9月28～29日。

6.3.3 受灾地区

由于"纳沙"强度大，云系范围大，最强时中心最大风力达42m/s，登陆前后云系覆盖整个海南岛，海南岛各岸段都出现不同程度的风暴增水，其中海口市的秀英站和文昌市的清澜站出现超过当地警戒潮位的高潮位，三亚站实测最高潮位接近当地警戒潮位。因此，海南岛四周沿岸均受到该系统产生的巨浪和风暴潮的影响，给沿海各市县均造成了不同程度的灾害损失。

6.3.4 自然变异调查结果

1. "纳沙"特征

强台风"纳沙"系统主要有以下五个特点。

（1）影响范围大

进入南海后，"纳沙"与西南季风结合，整个云区范围非常广，基本上覆盖了南海大部，最强时七级大风半径为380km，十级大风半径为140km。

（2）强度大

台风"纳沙"登陆菲律宾前一度达到强台风强度，中心最大风力达14级（45m/s），登陆后强度减弱为台风，进入南海后，"纳沙"的强度有所增大，非对称结构明显，南侧的对流发展仍然十分旺盛，海水热容量和水汽输送条件很好，有利于"纳沙"强度发展，在接近海南岛时"纳沙"再次增强为强台风，维持至再次登陆海南岛，登陆时中心最大风力达14级（42m/s）。

（3）移速快

由于副热带高压形势和引导气流稳定，"纳沙"大多以20～25km/h的速度移动，移速较快，位于西北太平洋洋面上的热带气旋平均移速一般为20km/h。

（4）四次登陆

"纳沙"在其生命历程中共四次登陆。9月27日7时前后"纳沙"在菲律宾吕宋岛东部沿海登陆，29日14时30分前后在海南省文昌市翁田镇沿海登陆，29日21时15分前后在广东省徐闻县角尾乡沿海登陆，30日11时30分前后在越南北部广宁沿海登陆。此后，"纳沙"于9月30日20时在越南北部减弱为热带低压，中央气象台对其停止编号。

（5）降水量大，潮洪相互作用，造成海口市区积水严重

受1117号强台风"纳沙"与冷空气的共同影响，海口市持续普降大暴雨，恰逢海水潮位上涨，市区几条主要排洪沟水位出现潮洪顶托，导致海口市区多条道路出现不同程度的积水。据相关部门统计，截至9月29日14～16时，共有19条市政道路出现不同程度积水，其中，广场路、南海大道、滨江路与凤翔路交叉口、海甸五西路等最严重的路段平均积水深40～50cm，车辆无法正常通行，交通一度受阻。

2. 海浪概况

1117号强台风"纳沙"影响期间，9月27～30日南海出现6～10m的狂浪到狂涛，海南岛沿岸有2.5～5.0m的大浪到巨浪。

随着"纳沙"的不断西进，南海海域掀起狂涛骇浪，9月29日6时南海的浮标已测得8m的有效波高，最大波高达到13.6m，沿岸遮浪海洋站测得的最大波高达到6.2m。

根据海洋站实测资料分析（表6-2），海南岛博鳌站测到最大波高5.9m，出现在9月29日9时；清澜站测到最大波高5.0m，出现在9月29日18时；三亚站测到最大波高5.2m，出现在9月29日15～16时；秀英站测到最大波高3.8m，出现在9月29日12～13时和15时；东方站测到最大波高4.9m，出现在9月29日17时和23时；西沙站9月28日18时测到3.8m的有效波高，最大波高5.1m。

表6-2　9月29日各海洋站实测波高　　　　　　　　　（单位：m）

时间	博鳌站		清澜站		三亚站		东方站		秀英站	
	有效波高	最大波高	有效波高	最大波高	有效波高	最大波高	有效波高	最大波高	有效波高	最大波高
5	3.4	5.1								
6	3.6	4.7								
7	4.0	5.3	2.5	2.8	2.5	3.5				
8	4.0	4.9	2.8	3.3	2.8	3.5	2.1	2.5	2.6	3.0
9	3.9	5.9	3.0	3.5			2.2	2.8	2.7	3.0
10	3.4	4.8	3.0	3.5	4.0	4.5	2.0	2.3	2.9	3.3
11	2.8	4.3	3.2	3.7	4.0	4.5	1.8	2.2	2.9	3.5
12	2.4	4.1	3.0	3.5	4.5	5.0	2.3	2.9	3.4	3.8
13	2.4	3.5	2.5	3.2	4.5	5.0	2.4	3.0	3.5	3.8
14	3.3	3.6	1.5	1.8	4.5	5.0	2.2	2.9	3.3	3.7

续表

时间	博鳌站		清澜站		三亚站		东方站		秀英站	
	有效波高	最大波高	有效波高	最大波高	有效波高	最大波高	有效波高	最大波高	有效波高	最大波高
15	1.8	2.1	2.0	2.5	4.7	5.2	2.5	3.2	3.5	3.8
16	1.9	2.2	2.0	2.5	4.7	5.2	2.8	3.5	3.4	3.7
17	1.8	2.5	2.5	3.0	4.5	5.0	3.5	4.9	2.2	2.4
18	2.0	2.4	4.0	5.0	4.6	5.1	3.6	4.3		
19	1.6	2.2					2.9	4.3		
20	1.7	2.5					3.0	4.6		
23	2.2	1.6					2.9	4.9		
24							2.9	4.4		

3. 风暴潮概况

1117号强台风"纳沙"在进入南海向西北偏西向移近海南岛的过程中，外围及中心大风导致海南岛四周沿岸均有不同程度的风暴增水，其中北部海口市的秀英站和东部文昌市的清澜站均出现超当地警戒潮位的高潮位。

根据验潮站资料，海口市秀英站9月27日开始出现30cm以上的增水，之后增水逐渐加大，至29日12时16分最高潮时增水也达最大值196cm，最高潮位342cm，超当地警戒潮位52cm，台风登陆后，系统强度有所减小，继续向西北偏西向移动，随着"纳沙"逐渐远离，秀英站的增水也在逐渐减小，至30日夜间，秀英站的潮位逐渐恢复正常。秀英站潮位和增水曲线见图6-12。

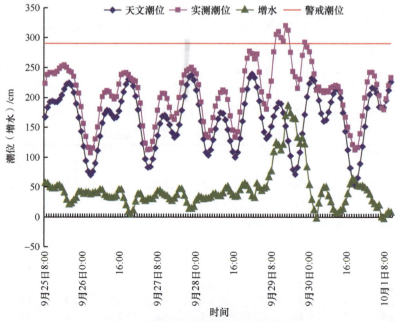

图6-12　秀英站潮位和增水曲线图

清澜站于 9 月 28 日傍晚开始出现 30cm 以上的增水,并逐渐加大,至 29 日 19 时增水达最大值 98cm,最高潮位 241cm,出现在 29 日 22 时 52 分,超当地警戒潮位 1cm,随着"纳沙"中心的远离,清澜站的增水逐渐减小,至 30 日凌晨,清澜站的潮位逐渐恢复正常。清澜站潮位和增水曲线见图 6-13。

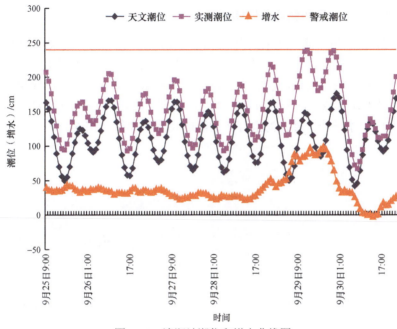

图 6-13　清澜站潮位和增水曲线图

三亚站 9 月 27 日开始出现 30cm 以上的增水,至 28 日增水一直维持在 30cm 左右,29 日增水逐渐增大,至 29 日 21 时 26 分最高潮时,增水达最大值 87cm,最高潮位 256cm,接近当地警戒潮位。东方站增水不明显。

6.3.5　灾害调查情况

1. 调查地区、时间

1117 号强台风"纳沙"于 2011 年 9 月 29 日 14 时 30 分前后在文昌市翁田镇沿海登陆,给海南省造成了严重的风暴潮、海浪灾害,根据《海南省风暴潮、海浪和海啸灾害应急预案》,须对此次海洋灾害过程进行实地调查。

(1)调查地区

调查地区为海口市、文昌市一带沿海。

(2)调查时间

调查时间为 2011 年 9 月 30 日至 10 月 3 日。

9月30日上午，由海南省海洋与渔业厅预报减灾处和海南省海洋监测预报中心组成的灾害调查小组奔赴受影响较大的海口市、文昌市一带沿海进行海洋灾害调查。调查小组先后前往海口市的海甸岛、新埠岛、东海岸、灵山镇、铺前湾和台风登陆点文昌市的翁田镇沿海等进行实地调查。

2. 海口市海甸岛和新埠岛现场调查

9月30日上午，调查队来到海口市海甸岛，由于"纳沙"中心在北部湾北部海面，近岸还有明显的涌浪。受到新建环岛护堤的保护，岸上基本未见明显的受灾现象，在护岸内填海区积存有大片涌上岸的海水，部分岸段护岸绿化带受海水冲刷，底部石块裸露，部分台阶被淤积的沙掩埋（图6-14）。在海甸岛和新埠岛之间的出海口，漂浮着一艘被海浪打坏的渔船及两个渔排（图6-15）。

图6-14 受损的绿化带和被沙掩埋的台阶　　图6-15 沿岸漂浮着受损的渔船和渔排

新埠岛沿岸大部分岸段护堤已建设完工，只有一小段还未建好，护堤对新埠岛起到了很好的防护作用，岛上沿岸的游艇码头完好无损，位于海边的大片建筑工地被淹，海水还未退去（图6-16）。

3. 海口市东海岸现场调查

位于海口市东海岸的皇冠酒店临海而建，酒店两边均为天然生长的防风林，大片的木麻黄树林如卫士般保护着海岸线及向陆侧的田地和居民，受"纳沙"带来的风暴潮和大浪袭击影响，沙滩上遍布被毁的木麻黄树，树根裸露（图6-17），岸边的防风林后退了十多米，海岸带受损严重。

据人民网海南视窗新闻报道，受"纳沙"强台风和"尼格"强热带风暴袭击影响，海口市海防林遭到严重破坏，有些种植20多年的木麻黄海防林被连根拔起，损失严重。据调查统计，海口市海防林遭受破坏的面积约3000亩，其中，位于海口市东海岸的桂林洋农场海防林带受灾严重，该农场海岸线长6.8km，遭破坏的沿海防护林带长6km，宽20m，受灾面积为350亩，其一线沿海防护林带因风大、浪高被连根拔起遭海浪冲走。正因为有沿海防护林的护卫，海口市沿海一带的房屋、农田、养殖设施均得到有效保护，没有受到损失。

图 6-16　新埠岛被淹的建筑工地　　　　图 6-17　被毁的木麻黄树

皇冠酒店外，原来有草坪、椰树，平缓的沙滩，风景如画（图 6-18）。据酒店工作人员介绍，草坪原来宽度为五六米，台风过后，全部被冲毁，绿化带及游客休憩场所也被暴涨的潮水和海浪全部冲毁（图 6-19）。

图 6-18　皇冠酒店沙滩原状

图 6-19　台风过后皇冠酒店外沙滩现状

4. 海口市灵山镇沿海现场调查

灵山镇东营港为一天然港湾，沿岸分布有数个村庄，部分地区地势较低，去往海边的路上，低洼处潮水还未退去，路旁的民房仍被海水包围（图 6-20）。据当地居民描述，9 月 29 日中午的潮水淹没进村的主干道路约 50cm，低洼处潮水涌入民房。

灵山镇外墩村位于南渡江出海口处,村子依江而建,当地村民大多以养殖、捕捞为业,居民住房就建在岸边,门外不到 10m 就是海水,岸边有当地村民自建的简易码头供渔船停泊(图 6-21),沿海近岸分布着众多的养殖塘。

图 6-20　被海水包围的民房　　　　图 6-21　临海而建的民房和海边被打坏的简易码头

调查发现,外墩村渔民受灾损失较为严重,据村民描述,前一日靠海边住房被潮水淹至 1m 多高,大浪拍打至屋顶,多间房子锁上的门被大浪打坏冲走,屋内存放的渔网渔具也全部被大浪冲跑,损失惨重。有一户居民屋内存放 300 张渔网,每张渔网价值 700 元,均被海水冲失,停泊在岸边的渔船也被海浪打坏冲至岸上。此外,外墩村沿岸的养殖塘全部被冲毁,有几位养殖业主在整理被打坏的设施,据他们介绍,前一日潮水漫过整个虾塘,塘里的虾全部逃光,损失惨重,一位在塘边房里睡觉的工人,中午醒来时发现屋里已被水浸泡近 1m 深。

5. 海口市演丰镇沿海现场调查

海口市东寨港位于铺前湾西侧的为红树林保护区,附近分布着众多的养殖塘。据当地居民介绍,9 月 29 日潮水大涨,水位比 0518 号强台风"达维"影响时要高 1.5m 左右,演丰镇的长宁村、北排村、三尾村由于地势较低,多户人家房屋被潮水浸泡。临海有一闸门,台风来临之前,因收到海洋部门的警报,闸门提前关上,受闸门保护,闸内的养殖塘未受影响(图 6-22),闸外的养殖塘则受灾严重。由于铺前湾内无潮位观测站,无法得知具体潮位及风暴增水,但据村民描述,结合海南省海洋监测预报中心的风暴潮数模计算,铺前湾内的增水最大可达 2.5m。

图 6-22　受闸门保护安全的养殖塘

北排村位于铺前湾底西侧，沿海有多户村民的养殖塘，调查队所到的位置沿海并排着 8 口养殖塘，仅有 2 口地势较高的保持完好。据养殖业主介绍，9 月 29 日中午时潮位比正常高 2m 左右，养殖塘靠海侧原有 10m 宽的护堤被冲垮，潮水漫过塘堤，导致养殖的鱼虾全部被冲走，停泊在岸边的渔船被冲进养殖塘，被打断为两截（图 6-23）。调查队沿岸边继续调查，海边沿岸已变得满目疮痍，树根裸露，偶有小船被打进树丛中，岸上有的小房子底部受冲刷后，已摇摇欲坠，据当地村民介绍，在房子靠海侧原有的一条可以通车的道路被冲毁，9 月 29 日的潮水淹至房子 40cm 左右（图 6-24）。

图 6-23　北排村沿海被冲进塘里打坏的渔船　　图 6-24　被冲刷过的海岸

6. 文昌市翁田镇湖心港现场调查

文昌市翁田镇的湖心港是一个位于湾内的群众性小渔港，平时有众多的渔船靠泊，外海会有大船抛锚，沿岸有渔民自建的临时性住房和海鲜店，据店主介绍，受"纳沙"影响，沿海 1000 多米的护堤被摧毁，几乎已看不到痕迹，水淹至海鲜店院子 60cm 左右，潮水最远淹至岸上 50~60m 远，海水将沙堆至院内达 50~60cm 深，海边的简易房全部被打烂，岸边靠泊的渔船多数被毁，海边一座临时码头被冲毁，海中几个向不能靠岸的大船销售日用品的房子尽被摧毁，岸边防风林受海水冲刷后退明显，近岸还有部分受淹后死亡的红树植物（图 6-25 和图 6-26）。据当地老人所说，从未见过这么大的海浪和这么大的潮水。

图 6-25　岸上被打坏的房子　　图 6-26　台风过后防风林明显后退

7. 文昌市翁田镇田南沟现场调查

田南沟的调查资料来自文昌市海洋与渔业局和新闻报道。据文昌市海洋与渔业局工作人员介绍，9月29日他们在台风登陆点文昌市翁田镇田南沟指导群众防灾工作，台风过后，文昌市翁田镇田南沟渔船损毁严重，海边300多亩虾塘被潮水冲为平地，防风林后退10多米，图6-27和图6-28为他们调查期间所拍摄。

图6-27　被冲到岸上防风林里的渔船

图6-28　养殖虾塘被夷为平地

据人民网海南视窗新闻报道，强台风"纳沙"在9月29日14时30分左右在文昌市翁田镇沿海登陆，但从29日凌晨2时多开始，文昌市翁田镇已受到了强台风"纳沙"的强烈影响，成千上万的树枝被吹断，大片即将收割的水稻被吹倒，50多条渔船被吹到岸上，一条渔船甚至从五六十米外的海边被吹进了村民的家里，把村民房屋撞倒。

9月29日16时，记者在"纳沙"登陆点附近看到海边惨遭"纳沙"袭击，原本在海边避风的渔船被海浪冲上岸边数十米（图6-29）。靠近海边的房屋也没有躲过"纳沙"的侵袭，一户村民的房子被狂风带来的海浪冲垮，一条渔船也被冲到了房子倒塌的地方，而有一户村民的房子更是被大浪淹没，海水退去后，留给他们家的是一片垃圾和被海水浸泡过的家具（图6-30）。

图6-29　渔船被冲上岸边数十米

图6-30　被大浪冲过的房子

9月29日下午，文昌市翁田镇田南港海边一片狼藉。数十条渔船被"纳沙"带来的狂风巨浪抛上岸边，渔船互相纠缠在一起，基本上都已经破损，而附近村民原本安放在海里用来取水进行海螺和虾养殖的水管、水泵,也已经被大浪冲上了海滩,遭到损坏(图 6-31 和图 6-32)。

图 6-31 "纳沙"袭击后的海滩

图 6-32 被"纳沙"摧毁的水管、水泵

8. 临高县新盈港深水网箱养殖损失情况

据《海南日报》报道,临高县深水网箱养殖受灾严重,临高海丰养殖发展有限公司(简称"海丰公司")、临高海鲟深海科技开发有限公司和临高思远实业有限公司分别遭受不同程度的损失。

10 月 3 日傍晚,临高县新盈港被台风"纳沙"从十多海里外吹来的 100 多口深海网箱搁浅在后水湾各处,海丰公司的 100 多名员工将连接网箱的粗木锯断,将网箱收回到拖船上,死去的金鲳鱼漂浮在海面上。

海丰公司员工告诉记者,9 月 30 日 4 时许,公司员工发现后水湾有上百口海丰公司的深海网箱出现,网箱成几个集群,分别向湾内各处靠拢,其中有的网箱已撞上湾内的渔排。海丰公司的 268 口网箱养满了金鲳鱼和少许军曹鱼,其中 240 口周长 40m 的网箱,每口箱养有约 1 万 kg 金鲳鱼,28 口周长 60m 的网箱,每口箱养有约 2.5 万 kg 金鲳鱼。海丰公司已签订购销合同,预定交鱼日期是 10 月 15 日,但离交鱼日仅 15 天许,海丰公司即遭此劫难。两次台风导致海丰公司 182 口网箱被吹走和损毁,其中几十口网箱被吹往越南,踪影难觅,全部损失估计在 6000 万元左右。

临高海鲟深海科技开发有限公司同样因两次台风遭受灭顶之灾。该公司经理向《海南日报》记者透露,共投放深海网箱 214 口,所有网箱均养殖金鲳鱼,10 月 4 日就要按订单交付已长成的金鲳鱼 100 多万千克,但台风"纳沙"将 120 口 40m 周长的网箱和 30 口 80m 周长的网箱悉数损毁。该公司不仅要退还货款,还要支付欠下的饲料钱 1000 万元左右,该公司此次仅鱼的损失就达 4000 多万元。临高海鲟深海科技开发有限公司损毁的网箱同样有 100 多口漂往公海,被台风吹到临高县和儋州市海岸附近的有近 30 口。

临高县目前深海网箱养殖规模最大的是临高思远实业有限公司,该公司投放有深海网箱和淡水网箱共计 3897 口(包括已办理产权证和未办证网箱),均为周长 40m 的网箱，海水网箱主要养殖金鲳鱼，淡水网箱主要养殖罗非鱼。受两次台风影响，临高思远实业有限公司深海网箱的 50%被风浪卷入至外海丢失，其他深海网箱被冲回到岸边损毁，而淡水网箱全部损坏，2 万 t 金鲳鱼归于大海，就要收获的 1 万 t 罗非鱼全部跑进水库。

6.3.6 "纳沙"灾害损失统计

海南省"三防"办统计资料显示，1117 号强台风"纳沙"影响期间，给海南省造成直接经济损失 58.1371 亿元。

据统计，海南省 18 个市县 205 个乡镇受灾，受灾人口 377.23 万人，转移 45.67 万人，死亡 1 人，农作物受灾面积 164 967hm^2，倒塌房屋 1350 间，农林牧渔直接经济损失 40.5252 亿元，工业交通运输业直接经济损失 5.5742 亿元，水利设施直接经济损失 2.9906 亿元。

海南省海洋与渔业厅的渔业受灾情况统计资料显示，海南省沿海 12 个市县均遭受不同程度的灾害损失，渔业直接经济损失 17.2813 亿元，其中养殖直接经济损失 15.8282 亿元，包括池塘损坏 126 624 亩、网箱损坏 17 624 个；渔船沉没 141 艘，损坏 1040 艘，直接经济损失 5166.0 万元；码头毁坏 50m，道路毁坏 730m，护岸毁坏 1295m，防波堤毁坏 3030m，直接经济损失 4446 万元；其他经济损失 4919 万元。

6.4　1119 号强台风"尼格"风暴潮灾害调查

6.4.1　起因

1119 号强台风"尼格"由菲律宾东部的低压云团发展而成，该系统于 2011 年 9 月 28 日加强为热带风暴，向偏西向移动，逐渐加强为强台风，横穿菲律宾后进入南海，之后强度逐渐减弱，继续向偏西向移动，于 10 月 4 日 12 时 30 分在万宁市东澳镇沿海登陆，登陆时中心附近最大风力达 10 级（25m/s），之后以 20km/h 左右的速度继续向西偏北方向移动，穿过琼中黎族苗族自治县、五指山市、白沙黎族自治县、昌江黎族自治县和东方市等，于 10 月 4 日夜间进入北部湾海面，并减弱为热带低压。

1119 号强台风"尼格"给海南岛带来狂风骤雨和巨浪，海南岛沿岸普遍出现风暴增水、风灾和海浪灾害，尤其是系统减弱为热带低压后，其残留云系与冷空气共同作用，给海南岛带来了有气象记录以来最大的日降水量，对海南省造成严重影响。海南省海洋监测预报中心对受"尼格"影响的地区进行了灾情调查。

6.4.2　灾害发生时间

灾害发生时间为 2011 年 10 月 2～5 日。

6.4.3 受灾地区

虽然 1119 号强台风"尼格"登陆海南岛时已减弱为强热带风暴,但由于其与冷空气共同作用,给海南岛带来了强风暴雨,各岸段都出现不同程度的风暴增水,其中海口市的秀英站和文昌市的清澜站出现超过当地警戒潮位的高潮位,三亚站和东方站实测最高潮位接近当地警戒潮位。海南岛四周沿岸均受到"尼格"产生的巨浪和风暴潮的影响,给沿海各市县均造成了不同程度的灾害损失。

6.4.4 自然变异调查结果

1. "尼格"特点

强台风"尼格"系统主要有以下四个特点。

1)"尼格"系统结构不对称,相对松散。"尼格"北部受弱冷空气的影响,云系散乱,南部的水汽输送带与南部区系基本断裂,水汽输送不足也是造成该系统进入南海后强度逐渐减弱的一个主要原因。

2)中心风力强,鼎盛时期中心附近最大风力达 15 级。

3)路径较稳定,基本维持偏西方向移动。

4)局部降水强度大。

"尼格"登陆并穿过海南岛进入北部湾后,外围气流产生了东南急流,其与偏东急流和东北气流汇合在海口市上空,偏东急流与东南急流饱含水汽,遇到了东北气流的冷空气,导致出现了强降水。三流交汇是在 10 月 4 日夜间到 5 日夜间,到 6 日白天,东南急流减弱消失,偏东急流也减弱,与东北气流的共同作用力就相应减弱。

受南海辐合带和冷空气的共同影响,海南岛东北部地区从 10 月 4 日晚至 6 日出现强降水。气象资料显示,10 月 4 日 20 时至 6 日 8 时,海口市、文昌市、定安县出现暴雨和局地大暴雨,共有 35 个乡镇雨量超过 100mm,其中 13 个乡镇雨量超过 200mm,海口市主城区、西秀镇、城西镇、龙桥镇、永兴镇和文昌市铺前镇雨量超过 300mm,最大为海口市主城区的 477.7mm。10 月 5 日 20 时至 6 日 8 时,强降水区域扩大到定安县和琼海市,共有 10 个乡镇雨量超过 100mm,最大为文昌市铺前镇的 207.1mm。10 月 4 日 20 时至 5 日 20 时,海口市日降水量达 333.6mm,已突破当地 1951 年以来日最大降水量极值(1996 年 9 月 20 日降水量 327.9mm)。持续强降水天气造成海口市部分城区受淹,部分交通线路中断,内涝较严重。10 月 5 日 9 时至 6 日 9 时海口市降水量见图 6-33。

2. 海浪概况

1119 号强台风"尼格"影响期间,10 月 1~4 日南海出现 6.0~8.0m 的狂浪,海南岛沿岸有 2.5~4.5m 的大浪到巨浪。

"尼格"在南海掀起 4m 以上的巨浪达 3d,其影响期间,10 月 3 日 10 时南海的浮标测得 6.2m 的有效波高，最大波高达到 9.1m。

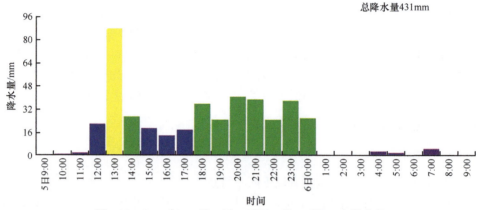

图 6-33　2011 年 10 月 5 日 9 时至 6 日 9 时海口市降水量

根据海洋站实测资料，"尼格"影响过程中，海南岛博鳌站测到最大波高 5.0m，出现在 4 日 13 时；清澜站测到最大波高 3.0m，出现在 4 日 8～10 时和 12 时；三亚站测到最大波高 3.0m，出现在 4 日 11～14 时；西沙站测到最大波高 4.5m，出现在 3 日 15～18 时；东方站测到最大波高 3.5m。10 月 3～4 日各海洋站实测波高见表 6-3。10 月 4 日上午海口湾大浪。

表 6-3　10 月 3～4 日各海洋站实测波高　　　　　　　　（单位：m）

时间		博鳌站		清澜站		三亚站		西沙站	
		有效波高	最大波高	有效波高	最大波高	有效波高	最大波高	有效波高	最大波高
3 日	8	2.6	3.8						
	9	2.8	4.1						
	10	2.8	3.9			0.4	0.5	2.0	2.5
	11	3.3	4.7			0.4	0.5	2.5	3.0
	12	3.3	4.1			0.5	0.6	3.0	4.0
	13	3.4	4.0			0.5	0.6	3.0	4.0
	14	3.1	4.4			0.6	0.8	3.5	4.0
	15	2.6	3.8			0.6	0.8	3.7	4.5
	16	2.9	4.1			0.8	1.0	4.0	4.5
	17	2.9	3.8	2.1	2.5	0.8	1.0	3.5	4.5
	18	3.0	4.7	2.0	2.5	0.8	1.0	3.5	4.5
	19	2.9	4.4						
	20	2.6	4.1						
	21	3.0	4.1						
	22	3.1	4.6						
	23	2.7	4.5						

续表

时间		博鳌站		清澜站		三亚站		西沙站	
		有效波高	最大波高	有效波高	最大波高	有效波高	最大波高	有效波高	最大波高
4日	0	—	—						
	1	3.0	4.0						
	2	2.9	4.3						
	3	2.5	4.2						
	4	2.9	4.0						
	5	2.7	4.0						
	6	2.8	4.2					2.7	3.5
	7	2.5	4.0					2.6	3.5
	8	2.6	4.0	2.5	3.0	2.0	2.5	2.5	3.2
	9	2.9	4.1	2.3	3.0	2.3	2.8	2.3	3.0
	10	3.3	4.4	2.2	3.0	2.3	2.8	2.2	3.0
	11	3.5	4.8	2.2	2.5	2.5	3.0	2.2	2.8
	12	3.1	4.2	2.5	3.0	2.5	3.0	2.2	3.0
	13	3.1	5.0	2.5	2.8	2.5	3.0	2.1	2.8
	14	2.8	4.4	2.5	2.8	2.5	3.0	2.0	2.5
	15	2.7	4.0	2.5	2.8	2.0	2.5	2.0	2.4
	16	2.2	3.6	2.3	2.6	2.0	2.5	1.9	2.4
	17	1.9	2.7	2.3	2.5	2.0	2.5	1.9	2.4
	18	1.6	2.9	2.5	2.5	1.8	2.0	1.8	2.3

3. 潮位与风暴潮

1119 号强台风"尼格"在进入南海向偏西向移近海南岛的过程中,系统外围大风与冷空气共同作用,导致海南岛沿海四周沿岸均有不同程度的风暴增水。其中,北部海口市的秀英站和东部文昌市的清澜站出现超当地警戒潮位的高潮位,南部的三亚站和西部的东方站分别出现接近当地警戒潮位的高潮位。

验潮站资料显示,秀英站 10 月 2 日凌晨开始出现 30cm 以上的增水,由于天文潮位比较高,10 月 2~4 日秀英站的最高潮位均超过当地警戒潮位。过程最大增水 88cm,出现在 3 日 18 时;最高潮位为 332cm,出现在 4 日 10 时 16 分,高潮时增水 77cm。10 月 5 日凌晨秀英站潮位逐渐恢复正常。秀英站潮位和增水曲线见图 6-34。

清澜站于 10 月 2 日凌晨开始出现 30cm 以上的增水,并逐渐加大,至 4 日 11~12 时增水达最大值 90cm;3 日最高潮位为 234cm,接近当地警戒潮位。"尼格"影响期间,清澜站最高潮位为 268cm,出现在 10 月 4 日 2 时 41 分,超过当地警戒潮位 28cm,之后随着"尼格"中心的远离,清澜站的增水逐渐减小,至 5 日傍晚,清澜站的潮位逐渐恢复正常。清澜站潮位和增水曲线见图 6-35。

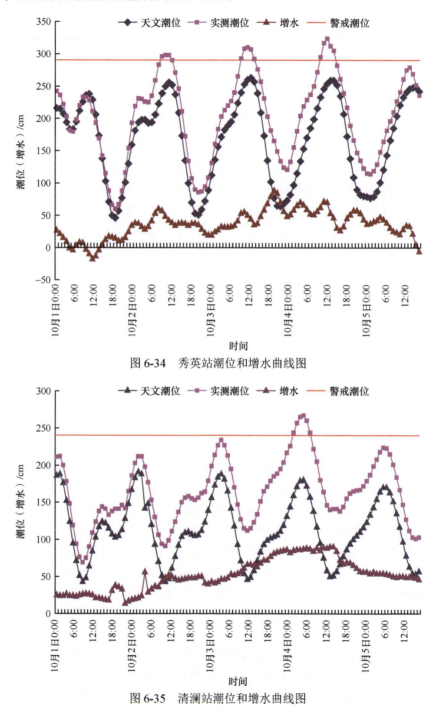

图 6-34　秀英站潮位和增水曲线图

图 6-35　清澜站潮位和增水曲线图

三亚站于 10 月 2 日晚上开始出现 30cm 以上的增水，并逐渐加大，至 4 日 17

时增水达最大值 80cm。系统影响期间，三亚站最高潮位为 273cm，出现在 10 月 4 日 2 时 15 分；最高潮时增水 76cm，接近当地警戒潮位。10 月 5 日中午前后，三亚站的潮位逐渐恢复正常。三亚站潮位和增水曲线见图 6-36。

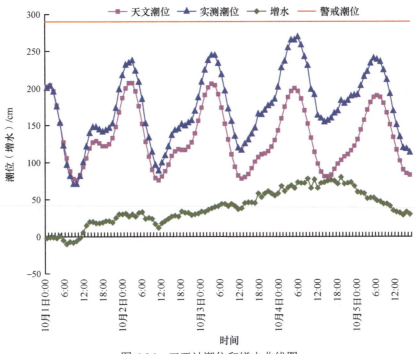

图 6-36　三亚站潮位和增水曲线图

东方站于 10 月 3 日夜间开始出现 30cm 以上的增水，4 日 19～23 时增水达最大值 45cm。"尼格"影响期间，东方站增水不明显，由于天文潮位比较高，叠加增水后，东方站 10 月 2～4 日最高潮位分别为 367cm、362cm、365cm，接近当地警戒潮位。10 月 5 日中午前后，东方站的潮位逐渐恢复正常。东方站潮位和增水曲线见图 6-37。

6.4.5　灾害调查情况

1119 号强台风"尼格"于 10 月 4 日 12 时 30 分在万宁市东澳镇沿海登陆，给海南省造成了严重的风暴潮、海浪灾害，根据《海南省风暴潮、海浪和海啸灾害应急预案》，须对此次海洋灾害过程进行实地调查。

1. 调查地区、时间

（1）调查地区

调查地区为陵水黎族自治县、万宁市、三亚市一带沿海。

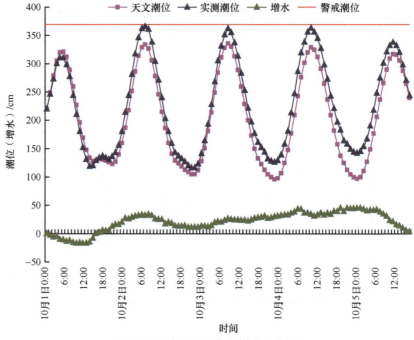

图 6-37　东方站潮位和增水曲线图

（2）调查时间

调查时间为 2011 年 10 月 8～13 日。

10 月 8 日，海南省海洋监测预报中心灾害调查小组赶赴台风登陆点万宁市、陵水黎族自治县和三亚市沿海进行灾害调查。调查小组先后前往万宁市港北港、东澳镇，陵水黎族自治县香水湾、新村港，三亚市亚龙湾、大东海、三亚湾和小洲岛进行实地调查。

2. 万宁市现场调查

万宁市和乐镇与万城镇之间有一近于闭合的港湾，被称为小海，水域面积为 49km^2，是海南岛最大的海岸潟湖，环小海四周自北向南分别有和乐、后安、大茂和万城 4 个镇，人口 10 多万人。港北港位于小海北侧出海口处，为海南岛东海岸较大的渔港，水域面积为 7400m^2，可供渔船停泊避风。

10 月 9 日下午，调查队来到和乐镇沿海，港内停泊着众多的渔船，秩序井然。据当地居民介绍，1117 号"纳沙"影响期间，最高潮时潮水涨至码头面高度，1119 号"尼格"影响期间，最高潮时潮水低于码头面 40cm 左右，对船只及沿岸设施影响不大，但国庆节期间的持续大暴雨致使湾内水位增高，最高时淹没码头面 50cm 左右。

分析其原因，主要由于小海为一潟湖，口门狭窄，小海口门宽仅为30～40m，一方面影响洪水及时排泄，导致小海内水位居高不下，另一方面影响潮流上溯，纳潮量过小导致小海内外水体难以充分交换。台风影响期间，特殊的地形条件却给港内停泊的渔船以很好的庇护，系统登陆时强度只有强热带风暴级别，引发的风暴增水不大，因此小海内受影响不大。

另外一个原因则是当地政府应对及时，保护了当地群众生命财产安全。10月4日中午1119号"尼格"在万宁市东澳镇沿海一带登陆，当日上午，万宁市小海防潮堤北坡段第9号闸门处出现坍塌，约有60m长的硬化护坡塌陷，塌陷处与万城镇集庄村委会相近，如果决堤将会直接影响下游群众的生命财产安全，当地政府相关部门立即组织抢险，经过5个多小时，60m长、2m高的坍塌护坡被一袋袋沙土垒起来，险情解除。

万宁市东澳镇龙保村位于万宁市第二大潟湖老爷海北侧，老爷海为一东西长条形的潟湖，总面积约 26km^2，其南侧为神州半岛风景名胜区。老爷海潟湖内有众多的养殖池，据当地养殖业主介绍，1119号"尼格"影响期间，湾内水位暴涨，养殖塘全被淹没，塘边的小房进水 30～40cm，海水没过马路约 30cm，塘里鱼虾大多被冲跑，所剩无几，但由于受到周围群山的掩护，湾内风浪不大，养殖塘基本未被损坏。由于万宁市沿海未建验潮站，无法得知当时的具体潮位。

在停泊渔船的老爷海港内，已是风平浪静，只在养殖池边上有小部分被冲坏的痕迹，据当地居民介绍，海水只淹至岸边的民房外侧，屋内未进水，在老爷海内东侧停泊的渔船及渔排受影响不大，只有部分小船被打坏，台风登陆时由于受到小山的阻挡，风浪并不大，但在西侧出海口处，渔船及渔排损失严重。

3. 陵水黎族自治县现场调查

香水湾位于陵水黎族自治县东部光坡镇，距县城 18km，因香水岭流来的泉水注入海湾而得名，香水湾与万宁市的石梅湾相接，湾内原生态海岸线长达 12km，目前香水湾一批旅游项目正在逐步开发。

调查队所到之处为中信香水湾，沙滩上有海水冲刷的痕迹，岸边部分绿化带被冲坏，酒店旁的草坪部分被沙掩埋，据酒店工作人员介绍，"尼格"影响期间，海水上涨淹至绿化带，旁边香水湾度假酒店小部分护堤被冲垮，其他影响不大（图6-38和图6-39）。

新村港位于陵水黎族自治县新村镇的东南部，港内南北长 4km，东西宽 6km，面积为 24km^2。新村港口窄内宽，东西两面有南湾半岛环抱，港内风平浪静，避风条件好，是一个得天独厚的天然良港，1990年被农业部定为国家一级渔港，现已被定为中心渔港，是海南省重点渔港之一。港内共有 4 个吨位级码头，全港可容纳 500 艘 60t 位以上的渔船停泊。台风过后，新村港内渔船和渔排秩序井然。

据当地渔民介绍,"尼格"影响期间,港内水位略高于平时,由于港内避风条件好,渔船及渔排受影响不大。

图 6-38　香水湾被冲坏的绿化带

图 6-39　香水湾被冲刷的草坪

4. 三亚市现场调查

调查队来到三亚市有名的旅游景点亚龙湾进行实地调查。亚龙湾游人如织,

图 6-40　亚龙湾沿海

各项旅游服务活动正常开展(图 6-40),从服务人员那儿了解到,台风影响前,他们按政府相关部门要求提前做好了防护措施,台风影响期间所有娱乐设施暂停营业,台风对该区域影响不大。

在大东海,沙滩有明显的淤积,海沙堆至岸边的人行道,据沙滩工作人员介绍,台风影响期间,沙被堆至岸边,后期的暴雨又将部分沙冲回海里,因此海滩部分区域出现明显的沟壑,但大部分海岸与之前相比,还是有明显的淤积。在大东海东侧有一条在建的码头基本完工,据工作人员介绍,沙滩的淤积可能是受到该码头的影响。

调查队来到三亚湾,先到达三亚湾最西边与天涯湾交界处,沿岸建有众多的星级酒店,沙滩宽阔,娱乐项目及设施较齐全。据工作人员介绍,台风影响期间,潮水比正常偏高,风浪将海沙冲上岸边,许多设施被沙掩埋。虽然已进行了清理,但现场还是可以明显地看出沙堆上岸边的痕迹,围栏处的沙堆最高有五六十厘米。

沿岸海边往三亚市区方向,海边植被受海水冲刷后退,未被完全冲倒的椰子树已长在沙滩中间,树后面的人行小道也被冲毁,只看到凌乱的块状水泥板。临海而建的国光德福轩渔港向海侧的水泥围墙被浪打后出现裂口,景和度假酒店附近沿海设施被大浪冲毁,只剩下沙滩上一堆堆的碎石块。部分岸段从沙滩上遗留下来草根的痕迹来看,沿岸自然生长的植被明显后退五六米,三亚市中心附近沿海岸边人行道被冲毁,底部被掏空,大量的绿化带被破坏,幸存的椰子树根部裸露(图 6-41 和图 6-42)。

图 6-41　三亚湾西部岸段

图 6-42　岸边人行道被冲毁，底部被掏空

在 1108 号强热带风暴"洛坦"影响结束后进行灾害调查时，三亚湾已经破损严重，当时政府已采取措施，运来沙石补救被冲毁得满目疮痍的沙滩，但在经受 1117 号、1118 号和 1119 号三个热带气旋影响之后，原先补上的沙石又被全部冲走，海岸线还在继续后退，部分岸段已被冲刷到距离马路人行道不足 2m 的位置。三亚市中心区域新风路口处沿海水泥块石砌的护岸，在 8 月的灾害调查时基本是完整的，但这次护岸大部分已被大浪冲坏，受损最严重处出现一个大洞，最深可达 2m，底下的树根及管线暴露，人行道已悬空（图 6-43）。

在三亚市区沿海，可以看到对面的凤凰岛向陆侧护岸部分被冲毁，长度达二三十米，由于凤凰岛还未对公众开放，无法上岛调查。

调查队又来到位于三亚鹿回头脚下沿海的小洲岛，小洲岛围填海工程已基本完成，原先侵蚀严重的西北侧填海造地后，都修筑了人工护岸。调查队上岛后发现西侧的直立式护岸有两段倒塌，一段长二十余米，另一段长十多米（图 6-44），据当地居民介绍，均为三个热带气旋产生的大浪接连影响造成的。

图 6-43　三亚湾市区沿海被大浪打坏的护岸

图 6-44　小洲岛被打坏的护岸

6.4.6　"尼格"灾害损失统计

海南省"三防"办统计资料显示，1119 号强台风"尼格"影响期间，给海南省造成直接经济损失 7.0148 亿元。

海南省 12 个市县 124 个乡镇受灾，受灾人口 100.68 万人，转移 14.48 万人，房屋倒塌 330 多间，农作物受灾面积为 39 954hm²，没有接到水库出险和人员伤亡报告。其中，农林牧渔业直接经济损失 4.4472 亿元，工业交通运输业直接经济损失 0.8217 亿元，水利设施直接经济损失 1.3768 亿元。

海南省海洋与渔业厅的渔业受灾情况统计资料显示，海南省沿海 12 个市县均遭受不同程度的灾害损失，渔业直接经济损失 2.661 64 亿元。其中，渔船沉没 36 艘，损坏 63 艘；码头毁坏 385m，道路毁坏 1150m，护岸毁坏 3050m，防波堤毁坏 931m。

6.5　1409 号超强台风"威马逊"风暴潮灾害调查

6.5.1　起因

1409 号超强台风"威马逊"2014 年 7 月 18 日 15 时 30 分在海南省文昌市翁田镇一带沿海登陆，登陆时中心附近最大风力达 17 级（60m/s）。7 月 18 日 19 时 30 分前后，"威马逊"在广东省徐闻县龙塘镇沿海地区登陆，登陆时中心附近最大风力为 17 级（60m/s）。7 月 19 日 7 时 10 分前后，"威马逊"在广西壮族自治区防城港市光坡镇沿海登陆，登陆时中心附近最大风力达 15 级（48m/s）。该系统是 41 年来登陆华南沿海的最强台风。

7 月 18 日，"威马逊"以超强台风的威力肆虐海南省十几个小时，所到之处狂风怒号，暴雨倾盆，海潮暴涨，巨木拔根，高楼晃动，民居倒塌，停水断电，给海南岛造成难以想象的灾难。海口、文昌两市普遍出现 14～16 级的大风，海南岛西南部和中部地区普遍出现 7～9 级大风，其余地区风力达 9～11 级，造成了特大的海洋灾害。"威马逊"影响期间，海南省海洋监测预报中心发出的海浪警报最高级别为红色，风暴潮警报最高级别为橙色。7 月 19 日上午，台风影响有所减小，海南省海洋与渔业厅按照国家海洋局的《风暴潮、海浪、海啸和海冰灾害应急预案》和《海南省风暴潮、海浪和海啸灾害应急预案》的要求，立即组织技术人员成立灾害调查小组，赶赴受影响地区进行灾后调查。

6.5.2　灾害发生时间

灾害发生时间为 2014 年 7 月 17～19 日。

6.5.3　受灾地区

由于"威马逊"强度大，云系范围大，最强时中心最大风速达 60m/s，七级大风半径为 300km，十级大风半径为 180km，登陆前后台风云系覆盖整个海南岛，各岸段都出现不同程度的风暴增水，其中海口市的秀英站出现超过当地警戒潮位的高潮位。因此，海南岛四周沿岸均受到"威马逊"产生的巨浪和风暴潮的影响，给沿海各市县均造成不同程度的灾害损失,其中以文昌市、海口市、澄迈县最为严重。

6.5.4 自然变异调查结果

1."威马逊"概况

2014年7月12日14时,在菲律宾以东大约1900km的西北太平洋洋面上生成第9号热带风暴"威马逊",该系统以20~25km/h的速度向偏西方向移动,强度逐渐增大,7月15日14时加强为强台风并登陆菲律宾,登陆时系统中心附近最大风力达14级(45m/s),中心气压为950hPa,七级大风半径为300km,十级大风半径为130km。登陆菲律宾后该系统移速加快,以25~30km/h的速度向西北偏西向移动,维持该强度,并穿越菲律宾。"威马逊"于7月16日9时进入南海,强度稍减弱为台风,中心附近最大风速达38m/s(13级),中心气压为965hPa,七级大风半径为370km,十级大风半径为170km。"威马逊"进入南海后,基本以20~25km/h的速度向西北方向移动,强度逐渐增大并趋近海南岛,7月18日11时系统达生命史中最强时期,中心附近最大风力达17级(60m/s),中心气压为920hPa,七级大风半径为300km,十级大风半径为180km,并继续向西北向移动,维持该强度。7月18日15时30分,超强台风"威马逊"在海南省文昌市翁田镇一带沿海登陆,登陆时中心附近风力达17级(60m/s),中心气压为910hPa,七级大风半径为300km,十级大风半径为180km。在海南岛登陆后的超强台风"威马逊"穿过琼州海峡,继续朝西北向移动,并以超强风级别登陆广东省徐闻县,登陆时系统中心附近风力达17级(60m/s),中心气压为915hPa,七级大风半径为300km,十级大风半径为160km。之后,"威马逊"进入北部湾并继续向西北向移动,7月19日7时10分前后该系统在广西壮族自治区防城港市光坡镇沿海登陆,登陆时中心最大风速为48m/s(15级),中心气压为950hPa,七级大风半径为280km,十级大风半径为120km。此后,"威马逊"继续往西北向移动并逐渐减弱为热带低压消失。

"威马逊"系统主要有以下三个特点。

(1)三次登陆我国

从7月18日下午到19日早晨,"威马逊"先后登陆海南省、广东省、广西壮族自治区。

7月18日15时30分前后,"威马逊"以超强台风的强度在海南省文昌市翁田镇沿海登陆,登陆时中心附近最大风力为17级(60m/s),中心气压为910hPa;7月18日19时30分前后,"威马逊"在广东省徐闻县龙塘镇沿海地区再次登陆,登陆时中心附近最大风力为17级,中心气压为915hPa;7月19日7时10分前后,

"威马逊"在广西壮族自治区防城港市光坡镇沿海再次登陆，其中心附近最大风力达 15 级（48m/s）。

（2）强度大

自 1949 年有气象记录以来，"威马逊"是第二个以超强台风级别登陆的台风，强度低于 7314 号台风。截至 2013 年，登陆我国的超强台风共有 16 个。

（3）能量来源充足，生命力强

"威马逊"7 月 12 日下午在西北太平洋洋面上生成，到达菲律宾附近开始加强为强台风，穿越菲律宾后又减弱为台风。"威马逊"7 月 16 日进入南海，在海南岛附近加强幅度增大，成为超强台风。在第一次登陆海南岛后，"威马逊"到达广东省仍为超强台风，直到登陆广西壮族自治区后减弱为强台风。在"威马逊"生长登陆过程中，海上西南暖湿气流不停地为其注入能量，陆地摩擦力使其减弱缓慢，暖湿空气与水汽的配合，使其有了充足的能量来源，因此其生命力之强比较罕见。

2. 海浪概况

1409 号超强台风"威马逊"影响期间，7 月 16～20 日系统中心附近出现 7.0～12.0m 的狂浪到狂涛，海南岛沿岸出现 5.0～8.0m 的巨浪到狂浪。

根据国家海洋局海洋站的观测资料，琼海市博鳌沿岸 7 月 18 日开始出现大浪，18 日 1 时有效波高为 2.6m，9 时最大波高为 5.6m，11 时有效波高为 3.3m，19 日凌晨降低到 2.5m 以下。乐东黎族自治县莺歌海沿岸 7 月 18 日开始波浪逐渐增大，19 日 11 时有效波高为 2.4m，11～14 时最大波高为 3.6m，19 日傍晚开始逐渐减小。东方市沿岸 7 月 18 日下午波浪开始增大，19 日 1～9 时有效波高为 2.3m，7 时最大波高为 3.9m，19 日下午开始减小。

3. 潮位与风暴潮

1409 号超强台风"威马逊"在进入南海向西北向移近海南岛的过程中，中心及外围大风导致海南岛四周沿岸均有不同程度的风暴增水。其中，海南岛北部海口市的秀英站出现超当地警戒潮位的高潮位。

验潮站资料显示，秀英站 7 月 17 日开始出现 30cm 以上的增水，之后增水逐渐加大，至 18 日 18 时达最大增水 221cm，最高潮位为 347cm（当地基面，下同），出现在 17 时 59 分，超当地警戒潮位 57cm。台风登陆后，系统强度有所减小，继续向西北偏西向移动，随着系统逐渐远离，秀英站的增水逐渐减小，至 7 月 20 日凌晨，秀英站的潮位逐渐恢复正常。秀英站潮位和增水曲线见图 6-45。

清澜站 7 月 17 日晚上开始出现 30cm 以上的增水，并逐渐加大，至 18 日 18 时增水达最大值 98cm，最高潮位为 192cm，出现在 18 日 17 时 39 分，未达到当地警戒潮位。之后，随着系统中心的远离，清澜站的增水逐渐减小，至19日凌晨，清澜站的潮位逐渐恢复正常。

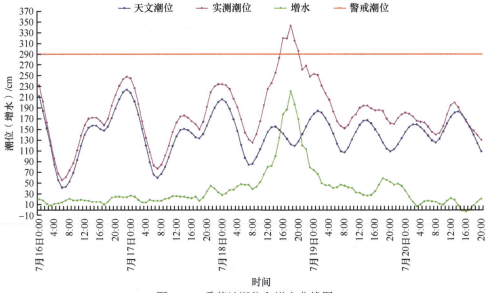

图 6-45　秀英站潮位和增水曲线图

三亚站 7 月 18 日凌晨开始出现 30cm 以上的增水，18 日 14 时增水达最大值 50cm，最高潮位为 181cm，出现在 18 日 14 时 3 分，未达到当地警戒潮位。

东方站 7 月 18 日中午开始出现 30cm 以上的增水，18 日 23 时增水达最大值 58cm，最高潮位为 274cm，出现在 18 日 19 时 34 分，未达到当地警戒潮位。

6.5.5　灾害调查情况

台风影响期间，海南省海洋监测预报中心发出的海浪警报最高级别为红色，风暴潮警报最高级别为橙色，根据国家海洋局的《风暴潮、海浪、海啸和海冰灾害应急预案》和《海南省风暴潮、海浪和海啸灾害应急预案》的要求，海南省海洋与渔业厅组织对受影响的地区进行灾后实地调查。从台风登陆第二天开始，共进行了现场调查、无人机航拍调查及风暴潮淹没高度测量三次灾害调查。

1. 调查地区、时间

（1）调查地区

调查地区为海口市、文昌市一带沿海。

（2）调查时间

调查时间为 2014 年 7 月 19～22 日。

7月19日下午,由海南省海洋与渔业厅与海南省海洋监测预报中心技术人员联合组成的灾害调查小组奔赴受影响较大的海口市、文昌市一带沿海进行海洋灾害调查。调查小组先后前往海口市的西海岸和东海岸,以及文昌市的铺前镇、罗豆农场、东郊椰林、清澜港及台风登陆点翁田镇沿海进行实地调查。

2. 海口市现场调查

海口市西海岸帆船训练基地附近碎石连片,海岸设施损毁严重,一处原本架空的观海平台整体脱落,一些岸段底部被浪潮掏空后,上面的水泥板大片折断坠落;贵族游艇会西侧海岸,挡浪堤后方护岸被冲蚀,人行道下方大块被掏空;黄金海岸小区后方岸线被海水冲蚀后退近 10m,五源河口处一座塔楼受冲蚀后半边悬空(图 6-46)。

图 6-46　海口市西海岸观海平台及五源河口处一座塔楼受损

海口市东海岸皇冠酒店处原有茂盛的木麻黄防风林或被连根拔起,或被拦腰折断,几乎看不到一棵完整的树。皇冠酒店人工护堤前方原本宽阔的沙滩被冲刷一空,海水上溯至护堤处,护堤多处底座被打裂,部分坍塌损毁(图 6-47)。

图 6-47　海口市东海岸皇冠酒店前方人工护堤受损

3. 文昌市现场调查

文昌市铺前镇本应停靠在海上的渔排,都被潮水和大浪"扔"到了岸上。上百户渔民眼看产业被毁,却束手无策。据村民介绍,7月18日下午,沿海房屋被暴涨的潮水淹没,最深处可达3m。据铺前镇政府相关人员介绍,全镇共有渔排养殖户119户,渔排已全部被损毁,经济损失已经超过1亿元;水产养殖业8000亩鱼塘被毁,占全镇鱼塘总数的80%,损失达4000万元;全镇渔船损坏、失踪600余艘,占全镇渔船总数的一半。触目惊心的数据背后,是铺前这个渔业大镇所遭到的毁灭性打击。在铺前镇铺渔村看到,瓦房顶棚塌了,渔排碎得遍地都是,全村近百户村民,均以渔排养殖为生,不仅赖以生存的生活来源被毁,连落脚的房屋也遭到了不同程度的破坏(图6-48)。

图6-48 铺前港风暴潮淹没至码头后方一楼窗户,还有被潮水冲上岸的受损渔排

调查组赴台风登陆点翁田镇进行实地调查,一路上目睹"威马逊"给海南省带来的创伤,眼前的景象已远不止是"满目疮痍""遍地狼藉""惨不忍睹"可以形容。高速公路出入口连接乡镇的乡间道路两旁,生长着茂盛的热带树木,乡镇互通的道路曾经是让人惬意的林荫道,一年四季满目葱绿,台风过后却如同冬日的北国,树干大部分被折断,剩下稀稀拉拉干枯的树枝,光秃秃的枝丫无力地伸向蓝天,满目的末日景象,好像突然变成了火星般异域的境地,有如西部般的豪壮,却透着海之南的绝殇。调查组一路在苍凉的景象中来到翁田镇加丁村,车子不能开入泥泞狭窄的乡间小路,大家下车步行前进,途中一棵大树横在路中间,队员们抓着藤条攀上树枝翻越后继续向前,走着走着,前面豁然开朗,却又是另一副悲惨景象——残垣断壁横入眼帘,有些部分外部看似完整,从里面看时,却由于屋顶被掀开后受到狂风暴雨袭击而凌乱不堪,难以想象台风过境时的悲惨情景。海边沿途经过一片田地,距海边有三四百米,海水淹没农田三四十厘米深,田里的作物已经干枯。调查组在艰难地穿过杂乱不堪的一段防风林后到达海边,沿海的200多口养殖塘在台风过后尽数被毁。眼前一片被冲刷得非常平整的岸上留有一截水泥构筑物,再向岸上高处的养殖塘也被损毁,养殖的贝类在浪潮冲刷后被洗劫一空。

之后,调查组来到邻近的大贺村。时近傍晚,天色渐暗,大贺村满眼破损的房屋杂乱不堪,眼见之处空无一人(图6-49)。因为房屋受损无法居住,部分人寄居到亲戚家，部分人被安置到学校。

图 6-49　受灾严重的大贺村倒塌的房屋

文昌市东郊椰林邻近清澜港，郁郁葱葱的椰树林依然生机勃勃，如同卫士般保护着这片土地，除了百莱玛度假村的木屋顶部分损坏，景观亭下座椅被海沙半掩，其他与日常没有大的差别（图 6-50）。据当地居民介绍，台风影响时，此处潮水并未异常增高，但风沙很大，海沙被狂风掀飞如同沙尘暴，屋里都积了厚厚一层。

图 6-50　文昌市东郊椰林的景观亭及百莱玛度假村的木屋

调查组一路来到位于东寨港东南侧的罗豆农场，进入山良村时，文明生态村示范点的村名标志还立在路口。据当地村民介绍，山良村有 200 多户人家，有 1000 多位居民，7 月 18 日潮水上涨时全村被淹，最深处达 3.8m。调查组一路进入山良村，村口一家人正在清理房屋，据户主介绍，当天他家房屋被淹有 1.3m 左右，屋内家具用品全部被海水浸泡，村内更靠近海边处的房屋全部被冲毁，损失更为惨重。调查组继续向前走，眼前的景象让人目不忍睹，大片房屋变成碎砖石块，据当地村民介绍，7 月 18 日潮水约 15 时开始涨上来，半个小时后达到最高，持续约 3 h 后慢慢退去，村里瓦房几乎全被淹没损毁，全村人撤退至村里仅有的三幢楼房里，才得以保命，在撤离过程中，两位村民被潮水冲走，最终找到一具尸体，另一人至今未找到。村里一位六七十岁的老人带我们走到她的房前，四间房子的院落只剩一地碎砖石，老人说，1972 年村庄曾被淹过，水最深处只有 1m 高，此次是她有生以来第一次见到这么大的潮水。举目四周，原来的生态文明村一片破败景象，人们将家里被海水淹过的衣被晾晒在阳光下，被泡坏的电器、棉被堆在路边，家家户户屋里屋外都杂乱不堪，有些人正在铲除屋内的海泥，墙上海水淹过的水印清晰可见，到处弥漫着家禽牲畜被淹死后尸体腐臭和浸泡过海水的草木腐烂相混合的异味。调查组又沿着破败树木间的小路前往海边，查看堤防状况，原有的村庄往海边的小路几乎完全被杂草树木封住，海边稀稀拉拉的红树立在水中，岸上被冲刷得乱七八糟的杂草荒树成片，地面有些地方散布着凌乱不堪的水泥板碎片，丝毫看不出堤防的痕迹。

4. 现场调查潮位分析

根据灾后现场调查分析，"威马逊"影响期间，东寨港东边和南边村庄灾害严重，村庄被潮水淹没，周边遭受风暴潮灾害的有港北港、演丰镇、三江农场、罗豆农场和铺前镇。根据现场调查，东寨港沿岸潮位最高的地方位于东寨港湾底的三江农场沿岸一带，潮位最高的是沟边村，潮位为 4.58m（85 高程，下同）；梅坡村和榜头村潮位均为 4.56m；潮位最低的村庄是放梅村，潮位为 3.39m，其离海边较远；其余地方潮位为 3.70~4.10m。

从此次调查结果分析，此次风暴增水在东寨港内不是一个定值，因此，其最高潮位是一个斜面。东寨港靠近外海的最高潮位约 3.9m，中部约 4.1m，湾底由于能量汇集，潮位最高，其最高潮位约 4.5m。

6.5.6 "威马逊"灾害损失统计

根据 7 月 23 日海南省防汛防风防旱总指挥部发布的消息，"威马逊"超强台风给海南省造成了巨大损失，据初步统计，全省有 18 个市县 216 个乡镇（街道）受灾，受灾人口 325.8 万人，共撤离和转移安置 38.6 万人，受灾农作物面积为 162 970hm^2，房屋倒塌 23 163 间，直接经济损失 119.5 亿元。因灾死亡 25 人、失踪 6 人，受伤受困人员众多。

海南省海洋与渔业厅的渔业受灾情况统计资料显示，"威马逊"对海南省渔业，特别是水产养殖业造成了严重损害，海南省沿海 12 个市县均遭受不同程度的灾害损失，渔业直接经济损失 27.316 655 亿元，其中渔船沉没 523 艘，损坏 1954 艘，码头毁坏 1180m，道路毁坏 9880m，护岸毁坏 1610m，防波堤毁坏 3109m。

6.6 1415 号超强台风"海鸥"风暴潮灾害调查

6.6.1 起因

1415 号超强台风"海鸥"由菲律宾东部的低压云团发展而成，于 2014 年 9 月 12 日 14 时在菲律宾以东约 700km 的西北太平洋洋面上生成，以 13 级的强度穿过菲律宾吕宋岛东北部进入南海，之后强度略有减小，进入南海后强度略有增大。该系统朝西北偏西方向移动的过程中，分别在我国的海南省、广东省和越南的广宁省沿海登陆。该系统登陆海南岛时恰逢天文大潮，并接近高潮，两者相遇产生了历史最高潮位，达 4.52m，超过警戒水位 1.62m，创海口市秀英站自建验潮站以来的历史最高潮位纪录。

9 月 16 日，"海鸥"逐渐趋近海南岛期间，海南岛沿岸普遍出现风暴增水、风灾和海浪灾害。风暴增水恰好与当天天文高潮叠加，造成海口市沿海地区的三江农场、演丰镇、桂林洋、海甸岛、新埠岛、钟楼片区、盐灶片区、八灶、荣山河等低洼地区出现积水内涝情况。海口市区积水较深的路段有滨涯路、义龙路、金龙路和龙华路交汇处，丘海大道海瑞桥交通中断，龙华路、人民大道、椰树广场全线被淹，积水最深处达 95cm。海甸岛再次成为内涝重灾区，除海甸六路外几乎全部路段积水。"海鸥"影响期间，海南省海洋监测预报中心发出的风暴潮警报和海浪警报最高级别均为红色。9 月 17 日，海南省海洋与渔业厅按照国家海洋局的《风暴潮、海浪、海啸和海冰灾害应急预案》和《海南省风暴潮、海浪和海啸灾害应急预案》的要求，立即组织技术人员成立灾害调查小组，赶赴受影响地区进行灾后调查。

6.6.2 灾害发生时间

灾害发生时间为 2014 年 9 月 15~16 日。

6.6.3 受灾地区

由于"海鸥"强度大，云系范围大，最强时中心最大风速达 40m/s，七级大风半径为 480km，十级大风半径为 140km，登陆前后云系覆盖整个海南岛，且恰逢天文大潮并接近高潮位，各岸段都出现不同程度且较为严重的风暴增水，其中海口市的秀英站出现历史最高潮位。因此，海南岛四周沿岸除三沙市和乐东黎族自治县外，其他市县均受到"海鸥"产生的巨浪和风暴潮的影响，并造成了不同程度的灾害损失，尤以文昌市、海口市和澄迈县最为严重。

6.6.4 自然变异调查结果

1. "海鸥"特点

超强台风"海鸥"系统主要有以下四个特点。

（1）三次登陆，其中两次登陆我国，最后一次登陆越南

从 9 月 16 日上午到晚上，"海鸥"先后登陆我国海南省、广东省和越南广宁省。9 月 16 日 9 时 40 分前后，"海鸥"以台风的级别在海南省文昌市翁田镇沿海登陆，登陆时中心附近最大风力为 13 级（40m/s）；9 月 16 日 12 时 45 分前后，"海鸥"在广东省徐闻县海安镇沿海再次登陆，登陆时中心附近最大风力为 13 级；9 月 16 日 23 时前后，"海鸥"在越南广宁省潭河县东部沿海登陆，登陆时

中心附近最大风力达 12 级（35m/s）。

（2）移动速度快

"海鸥"在行进过程中，由于北方有弱冷空气活动，冷高压脊对台风形成了引导作用，因此系统移动速度非常快，达到 30～35km/h。一般台风从菲律宾东部生成之后，以 20～25km/h 的速度由东往西行进，在所有由东往西行进的台风中，"海鸥"移动速度比较快。

（3）路径稳定

"海鸥"生成后，副热带高压稳定，"海鸥"在副热带高压南侧一直以较为稳定的西偏北路径移动。

（4）范围大，影响广

"海鸥"云系庞大，几乎覆盖了南海大部海域，七级风圈半径最大达 480km，海南省沿海和海面自东向西先后受大风影响的持续时间延长，风雨影响范围广。

2. 海浪概况

1415 号超强台风"海鸥"影响期间，9 月 14～18 日南海出现 6.0～9.0m 的狂浪到狂涛，海南岛沿岸有 4.0～7.0m 的巨浪到狂浪。

根据国家海洋局海洋站的观测资料，海口市沿岸 9 月 16 日 9 时开始出现大浪，16 日 10 时出现最大有效波高 3.8m，16 日 12 时最大波高为 6.1m，16 日 13 时后浪高降至 2.5m 以下；琼海市博鳌沿岸 9 月 16 日 0 时开始出现大浪，16 日 4 时最大有效波高为 4.0m，16 日 19 时最大波高为 5.6m，17 日 2 时后浪高降低到 2.5m 以下；乐东黎族自治县莺歌海沿岸 9 月 16 日 5 时浪高开始逐渐增大，16 日 20 时最大有效波高为 2.7m，最大波高为 4.9m，17 日凌晨浪高开始逐渐减小；东方市沿岸 9 月 16 日上午浪高开始增大，16 日 18～22 时最大有效波高为 2.7m，16 日 17 时最大波高为 6.1m，17 日上午波高开始减小。

3. 潮位与风暴潮

1415 号超强台风"海鸥"在进入南海向西北向移近海南岛的过程中，外围及中心大风导致海南岛四周沿岸均有不同程度的风暴增水，其中北部海口市的秀英站出现超当地警戒潮位的高潮位。

验潮站资料显示，秀英站 9 月 15 日 8 时开始出现 30cm 以上的增水，之后增水逐渐加大，至 16 日 11 时达最大增水值 209cm，最高潮位为 452cm，出现在 10 时 50 分，超当地警戒潮位 162cm。台风进入北部湾后，系统强度有所减小，继续向西北偏西向移动，随着系统逐渐远离，秀英站的增水逐渐减小，至 9 月 17 日下午，秀英站的潮位逐渐恢复正常。秀英站潮位和增水曲线见图 6-51。系统影响期间海口市区多处受淹，见图 6-52。

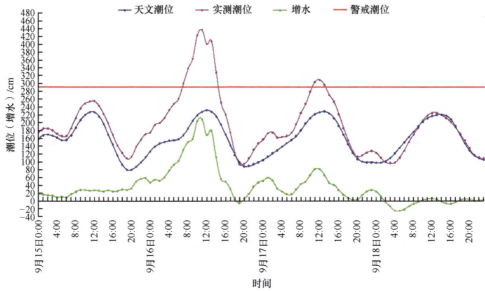

图 6-51　秀英站潮位和增水曲线图

图 6-52　9 月 16 日海口市区被潮水淹没

清澜站 9 月 15 日傍晚开始出现 30cm 以上的增水，并逐渐加大，至 16 日 14 时增水达最大值 143cm，最高潮位为 240cm，出现在 16 日 4 时 2 分，正好达到当地警戒潮位。之后，随着系统中心的远离，清澜站的增水逐渐减小，至 17 日凌晨，清澜站的潮位逐渐恢复正常。

三亚站 9 月 16 日早晨开始出现 30cm 以上的增水，16 日 14 时增水达最大值 57cm，最高潮位为 223cm，出现在 17 日 5 时 33 分，未超当地警戒潮位。

东方站 9 月 16 日上午开始出现 30cm 以上的增水，17 日 9 时增水达最大值 79cm，最高潮位为 367cm，出现在 17 日 9 时 1 分，接近当地警戒潮位。

6.6.5 灾害调查情况

1415 号超强台风"海鸥"9 月 16 日 9 时 40 分前后在海南省文昌市翁田镇一带沿海登陆，登陆时中心附近最大风力达 13 级（40m/s），给海南省造成了严重的风暴潮、海浪灾害。台风影响期间，海南省海洋监测预报中心发出的海浪警报和风暴潮警报最高级别均为红色。海南省海洋与渔业厅根据国家海洋局的《风暴潮、海浪、海啸和海冰灾害应急预案》和《海南省风暴潮、海浪和海啸灾害应急预案》的要求，9 月 17 日立即组织技术人员成立了灾害调查小组，配合国家海洋局调查小组，赴受影响地区进行灾后实地调查。9 月 18~19 日，调查组又对受风暴潮影响严重的海口市和澄迈县部分区域进行了现场淹没高度测量。

1. 调查地区、时间

（1）调查地区

调查地区为海口市、文昌市和澄迈县一带沿海。

（2）调查时间

调查时间为 2014 年 9 月 17~19 日。

9 月 17 日上午，调查小组兵分两路，分别赴海口市、文昌市进行调查。9 月 18 日，为详细了解风暴潮淹没范围及高度，调查组根据现场调查情况，选定海口市区几个典型区域进行了淹没高度测量。9 月 19 日，调查组对受影响严重的澄迈县玉包港、林诗港、东水港进行了现场调查及淹没高程测量。

2. 海口市现场调查

海口市西海岸的假日海滩遭受 40 多年未遇的浪潮冲击，直接经济损失 1000 多万元，间接经营损失 110 多万元，共计 1100 多万元，具体为：120 多棵椰子树、200 多平方米经营网点、300 多平方米购物商场、2000 多米海边护堤、1000 多米步道、700 多米轮滑大道、9000 多立方米泳池、2000 多米电缆管线等被严重损坏，景区已向各级政府报送损失情况，并请求政府的帮助。在海口市西海岸帆船帆板训练基地的一侧，有用水泥、石块、沙子筑起的一处观海风景台，台上建有 10 多间经营音乐烧烤、水吧、汤锅、游艇租赁等项目的铺面，然而这处风景台及其铺面遭到了超强台风"海鸥"的无情破坏，浪潮把风景台淹没，汹涌的海浪把风景台上的水泥地面掀起，并拍碎，所有铺面都遭到了台风海水的侵袭，海水夹带着木头把铺面大门撞坏。据经营铺面的商户介绍，这次超强台风"海鸥"的破坏在某些方面超过了超强台风"威马逊"，让一些经营者血本无归。"海鸥"风力虽然没有"威马逊"大，但它带来的潮水却大得多。台风"海鸥"到来时，迅速上涨的潮水马上把观海风景台吞没，汹涌的海浪敲打着水泥地面，海水冲进每间铺面，又把物品捣出翻倒在海里。

3. 文昌市现场调查

调查队前往位于铺前湾底至湾东侧的上山村、山良村、渡头村和铺前港进行实地调查。

在上山村，受"海鸥"影响，大片农田被潮水所淹，村边田地里的海水还未退去，见图6-53。据当地一村民介绍，"威马逊"影响时8间瓦房被冲毁，正在重建，上次的潮水呼啸而至，淹至二楼，冲倒了瓦房，门口的车被冲得掉了个头，台风"海鸥"影响期间，潮水淹至屋前台阶下。

沿着铺前湾底的三江农场到罗豆农场的S212省道两侧的海水还未退去，"威马逊"影响时海水淹没路面以上到腰部，"海鸥"影响期间海水刚没过路面。据当地居民介绍，"海鸥"影响期间，水淹至房内高度约90cm，在码头面上1.5m左右，"威马逊"影响时淹至屋内一人多高。9月17日中午铺前港潮位较高，潮位距码头面约40cm（图6-54）。

图6-53　上山村边田地里的海水还未退去　　图6-54　9月17日中午铺前港潮位比较高，距码头面约40cm

渡头村位于东湾中部东侧，居民房屋距海边最近处只有十多米，据当地居民介绍，"威马逊"影响时潮水淹没屋内约2m高，"海鸥"影响期间潮水淹没15cm左右。渡头村临海有一防潮堤，于20世纪80年代修建，部分为水泥结构，部分是土堤，经过1409号"威马逊"和1415号"海鸥"海水漫堤淹没村庄之后，部分决堤，已用沙袋进行修补（图6-55），但防潮效果极差，村民们强烈呼吁政府重新修建该防潮堤。

图6-55　村民自行修补的防潮堤

1409 号"威马逊"影响期间，山良村风暴潮影响严重，造成该村一人死亡、一人失踪。调查组到一户居民家时，户主正在清理被海水淹过的地面，据其介绍，"威马逊"影响期间，潮水淹至屋内近 2m 高，"海鸥"影响期间潮水淹没屋内二三十厘米，部分地势较低处房屋被淹约 50cm，由于提前接到了预警信息，政府及居民准备充分，将电器搬到桌子上，屋内怕泡水的用具全部搁置在了高处，人员全部提前撤离，因此此次风暴潮对该区域影响不大。该村沿海也有一条 20 世纪 80 年代建成的土质防潮堤，"威马逊"过后进行了简单的修整，但这次潮水依旧漫过了堤面淹没村庄。

根据现场调查，东寨港沿岸潮位最高的地方位于东寨港湾底的三江农场沿岸一带，根据水痕线进行的潮位测量，潮位最高的是排沟村，潮位为 3.33m（85 高程），其余潮位在 3m（85 高程）左右。

4. 澄迈县现场调查

据媒体报道，澄迈县玉包港近 180 艘回港渔船经"海鸥"摧残后，仅剩不到 10 艘完好的渔船漂浮在海面上。据不完全统计，截至 9 月 16 日 16 时，澄迈县林诗港（图 6-56）、玉包港（图 6-57）等港内避风的 1394 艘渔船已有 835 艘被台风"海鸥"打沉。风暴潮引发的海水倒灌，使澄迈县 13 个临海村庄受损严重。9 月 16 日 11 时前后，澄迈县老城镇东水港码头周边的村民房屋出现不同程度的海水倒灌，村民房屋积水普遍达 1.5～2.0m，最严重处淹至一楼屋顶。据一名村民介绍，这次海水倒灌是自 1983 年以来最严重的一次。据统计，此次"海鸥"累计给澄迈县带来降水量 239.5mm，有 6.2 万人口被洪水围困，受淹房屋 0.9 万间，紧急转移群众 3.76 万人。

东水港内部分防波堤被打坏，渔排部分受损，渔船受影响不大，据当地居民介绍，潮水淹没防波堤 1.0m 以上，岸上的房屋被淹水深约 1.6m，路边不少院墙被潮水冲刷后倒塌。港西南侧靠近外海处有一家海鲜店，据店主介绍，9 月 16 日海水淹至门口第七个台阶，大浪打到二楼，西侧防波堤内地面被冲刷下蚀约 80cm（图 6-58）。

图 6-56　澄迈县林诗港

图6-57　澄迈县玉包港

图6-58　澄迈县东水港

6.6.6　"海鸥"灾害损失统计

根据海南省防汛防风防旱总指挥部发布的消息，截至9月17日7时，海南省有17个市县219个乡镇（街道）受灾，受灾人口286.503万人，房屋受损倒塌441间，农作物受灾面积为215.065万亩，死亡1人，失踪1人，直接经济损失57.874亿元，其中农林牧渔业损失33.9148亿元，工业交通运输业损失6.8388亿元，水利设施损失5.545亿元。海口市受灾最为严重，直接经济损失13.4986亿元，其他损失较重的市县分别为文昌市9.617亿元、澄迈县9.4亿元、琼海市5.805亿元、定安县5.07亿元、屯昌县1.527亿元、临高县1.1287亿元。

海南省海洋与渔业厅的渔业受灾情况统计资料显示，"海鸥"对海南省渔业，特别是水产养殖业造成了严重损害,海南省沿海11个市县遭受不同程度的灾害损失，渔业直接经济损失约9.26亿元，没有人员因灾死亡（失踪）。其中，渔船沉没576艘，损坏991艘；码头毁坏50m，护岸毁坏2580m，防波堤毁坏9700m。

6.7　1522号强台风"彩虹"海洋灾害调查

6.7.1　起因

2015年是厄尔尼诺年，南海的台风并不活跃。"彩虹"强台风生成之前只有4个强度较弱的台风在南海活动，南海大部分地方的热量并没有被消耗多少。

9月28日前后，在菲律宾以东800km的西太平洋洋面上出现一个由扰动发展起来的热带低压区，该低压区在偏东气流的带动下于10月1日接近菲律宾，此时发展成热带低压，10月2日在菲律宾上空加强形成了第22号气旋，也就是1522号"彩虹"。

6.7.2 灾害发生时间

灾害发生时间为2015年10月4～5日。

6.7.3 受灾地区

受灾地区为海口市、文昌市。

6.7.4 自然变异调查结果

1. "彩虹"概况

"彩虹"生成后，在穿过菲律宾群岛期间，其结构遭到严重破坏。在刚离开菲律宾群岛出海时，系统并没有明显加强，10月2日晚开始，"彩虹"台风结构逐渐转好，并打开了台风眼，不断吸入西南季风，北侧也接上了副热带高压西南侧的急流，各台风预测机构此时纷纷认定该台风将会达到12～13级，中央气象台甚至认为它会达到14级强台风级别。10月3日晚上起，高层系统所处环境大大改善后，"彩虹"爆发了，它的风眼变得浑圆，核心区的对流变得紧密又强悍，强度达到了强台风级别。10月4日5时，该系统到达文昌市以东100km的海面上，并加强到15级（48m/s），此时台风的核心区尚未影响陆地，但台风外围的一条台前飑线给我国珠江三角洲地区带去了狂风暴雨，甚至是龙卷风，造成了人员伤亡和财产损失。10月4日10时，"彩虹"在登陆湛江市前5小时加强到50m/s，也就是强台风的上限。

"彩虹"系统形成后，受副热带高压西南侧偏东气流的引导，移动路径较为稳定，保持向西北方向移动。10月4日早上，系统中心的纬度与文昌市相平，距离文昌市有100km左右，4日14时左右，"彩虹"在广东省湛江市登陆，登陆后强度并没有减弱，台风依然保持完整结构，到了广西壮族自治区后才开始减弱。10月5日"彩虹"减弱为低压系统，当日11时中央气象台停止了对"彩虹"台风的编号。

"彩虹"是1949年有气象记录以来在10月登陆我国的最强台风，根据广东省民政厅事后的报告，强台风"彩虹"造成广东省湛江市等9个市42个县不同程度受灾，累计受灾人口353.4万人，因灾死亡18人，经济损失逾230亿元。"彩虹"影响期间，海南省经济损失1.36亿元，损失最严重的是农林牧渔业。

2. 海浪概况

根据国家海洋环境预报中心提供的海浪实况，1522号"彩虹"强台风经过南海海面时,最大时有 7.0～9.0m 的狂浪。

3. 风暴潮

根据秀英站、清澜站和东方站的实测资料,1522 号"彩虹"强台风影响期间,秀英站最大风暴增水为 81cm,清澜站最大增水为 39cm,东方站最大增水为 29cm,秀英站在 10 月 4 日 9～12 时最高潮位超过了当地警戒潮位(表6-4),其他海洋站最高潮位均未超过当地警戒潮位。

表 6-4 10 月 4 日秀英站最大增水与最高潮位一览表   (单位: cm)

时间	实测潮位	天文潮位	增水	超警戒水位
8 时	273	211	62	不超
9 时	305	226	79	15
10 时	316	236	80	26
11 时	321	240	81	31
12 时	309	239	70	19
13 时	277	228	49	不超
14 时	239	207	32	不超

6.7.5　灾害调查情况

1. 调查地点、时间

(1) 调查地点

调查地点为文昌市、海口市。

(2) 调查时间

调查时间为 2015 年 10 月 5～6 日。

2. 文昌市铺前镇现场调查

铺前镇位于海口市东面 30 多千米处,扼守着海南岛最大潟湖东寨港的口门。经了解,铺前镇在台风来临前迅速完成人员转移和渔船靠港,在此次灾害过程中损失不大,海水养殖方面,有一口网箱在防灾迁移过程中发生破损,网破鱼逃,损失 10 万元左右,另外该镇的老码头有一处码头面发生坍塌,其他并无大的灾情。

完成对该镇灾情大体的了解后,调查组来到铺前港码头处,认真地观察坍塌的码头面(图6-59),通过坍塌的形态和码

图 6-59　铺前港发生坍塌的一小块码头面

头的现状,判断码头面是由于大浪和海水浸泡而坍塌的,发生这样的后果和码头面年代久远、长时间未进行维护加固有很大关系。

调查人员向码头附近的群众了解情况,据群众反映,"彩虹"在该镇没有出现强风,风力在8级左右,降水量也不是很大,只是发生了比较明显的"流"现象,也就是风暴增水引起的高潮位。铺前镇当时没有固定的海洋观测站,为了给以后该镇的风暴增水预报工作提供参考,调查组决定在现场找出能客观反映最高潮位的遗留物,最终发现了两处能相互印证的痕迹,一处为码头纵深20m处民房前的海上垃圾物线,另一处为海事局前铁围栏上挂着的海上垃圾物线,这两处高程基本在同一水平面上,肯定是当时最高潮位,和当地群众描述的高水位程度基本一致,这两处与海南省海洋监测预报中心之前在该码头上的高程测点(85高程2.45m)相差0.4m上下,因此,经推断,铺前码头此次风暴过程最高潮位应该是2.85m上下(85高程)。

3. 文昌市翁田镇现场调查

翁田镇是强台风"彩虹"路径离海南省最近的地区,翁田镇政府工作人员向我们介绍了该镇在此次灾害中的整体情况,该镇成灾主要在水利方面,海洋方面基本没有损失。

调查组来到翁田镇抱虎角边的湖心村进行实地调查。该村位于湖心湾沿岸,由于特殊的位置及地形,极易在该处产生灾害,只见村里简易的各类房屋完好无损,港湾里停靠着各类捕鱼船只,都没有破损的痕迹。

4. 文昌市文城镇现场调查

文城镇相对翁田镇离这次强台风经过的路径较远,但考虑到该镇有海南省东北部最大的渔港,海洋灾害期间有大量的船只在此避风,渔港后方的八门湾又有大量的海水养殖塘,因此有现场调查的必要性。在当地渔政渔监部门工作人员的带领下,调查组来到清澜港码头,只见港内停靠着大量渔船,停靠有序,间隔合理,管理规范(图6-60),由于台风刚过,很多船只暂未出海捕鱼,经与工作人员的交谈得知,"彩虹"影响期间,文城镇基本没有大的损失,主要原因是风小,浪也不大,防灾准备充分。

通过对文昌市3个在地理位置和经济上有代表性意义的地点进行实地调查,我们发现这次强台风对该市影响很小,各个地区防灾准备都很充分,政府重视,人员及时转移。

图6-60 清澜港中排列有序安然无患的避风船只

5. 海口市现场调查

调查组通过资料收集及与相关部门的联系了解海口市的受灾情况。这次强台风过程中，海口市发生了一定程度的海水倒灌，这是由于强台风"彩虹"引起了风暴增水，最高潮位超警戒线，海水通过城市排水管线进入市区，由于预防及时，方法得当，没有造成大的损失。

在海口市火车轮渡码头南港，发生了海水网箱养殖军曹鱼大量死亡的事件。据了解，10月3日为了躲避强台风"彩虹"，该地养殖户把养殖军曹鱼的网箱拖进南港防洪堤内避风，后发现军曹鱼大量死亡，经专业部门检测，认定是缺氧造成的鱼类死亡（图6-61）。

图 6-61　现场大量死亡的养殖鱼

6.7.6　"彩虹"灾害损失

此次海洋灾害灾情统计包括各受灾市县的人员伤亡、养殖损失、渔船损失，以及渔港码头、护岸、防波堤毁损等内容。根据海南省海洋与渔业厅的统计结果，1522号强台风"彩虹"给海南省造成的直接渔业经济损失为3288.6万元，有2艘渔船损毁。受"彩虹"影响损失最严重的是海口市，西海岸南港码头附近的网箱养殖受损，直接经济损失达3000万元。另外，临高县有100m的防波堤损坏。

1522号强台风"彩虹"在鼎盛时风速达到50m/s，大风半径相对却很小，说明风力集中，"彩虹"登陆湛江市时多个气象站测出17级阵风（58m/s以上），在海南省引起的灾害损失却并不大，主要是其中心移动路径偏离海南岛，且系统接近海南岛时，大风区出现不对称性，系统的西南侧由于水汽供应不足，出现大风缺口，海南岛不在其10级大风范围内，10级大风范围内的七洲列岛在10月4日8时观测到14级的大风。

6.8　1621号强台风"莎莉嘉"风暴潮灾害调查

6.8.1　起因

1621号强台风"莎莉嘉"形成后，沿副热带高压南缘西北偏西向移动，系统南侧有丰富的水汽补充,"莎莉嘉"以 10~15km/h 的速度向偏西方向移动,强度缓慢增大。10 月 14 日 11 时,系统加强为强热带风暴,10 月 15 日 5 时,系统加强为台风。10 月 16 日 2 时,该系统中心附近最大风力加强到 16 级(55m/s),达到此次过程风速的最大值。10 月 16 日 3 时前后,该系统登陆菲律宾,并于 16 日 10 时左右进入南海。系统中心附近最大风力减弱为 13 级(38m/s),并移向西北偏西,以 18~25km/h 的速度趋向海南岛。10 月 17 日 17 时系统再次加强为强台风,中心附近最大风力达 14 级(42m/s),并维持该强度于 10 月 18 日 9 时 50 分前后在万宁市和乐镇一带沿海登陆,登陆时中心附近最大风力达 14 级(45m/s),中心最低气压为 955hPa。登陆后系统以 13~20km/h 的速度沿西北方向移动。10 月 19 日 0 时前后,系统穿过海南岛后进入北部湾,中心附近最大风力为 11 级(30m/s),并于 19 日 14 时再次登陆广西壮族自治区防城港市一带沿海,登陆时中心附近最大风力为 10 级(25m/s)。登陆后,系统继续沿西北方向移动,强度逐渐减弱,中央气象台 10 月 19 日 20 时对其停止编号。

6.8.2 灾害发生时间

灾害发生时间为 2016 年 10 月 17~19 日。

6.8.3 受灾地区

受灾地区为万宁市、琼海市。

6.8.4 自然变异调查结果

1."莎莉嘉"特点

"莎莉嘉"具有风力强、移速快、路径稳、覆盖面积大等特点,系统穿越菲律宾及进入南海增强为强台风前,移动速度为 20~25km/h,并以鼎盛期的状态(强台风或超强台风级别)登陆海南岛。

"莎莉嘉"10 月 18 日 9 时 50 分前后在海南省万宁市和乐镇一带沿海登陆,登陆时中心最大风力达 14 级(45m/s),是 1971 年以来 10 月登陆海南岛的最强台风。受其影响,海南全省普遍出现大暴雨到特大暴雨,昌江黎族自治县、琼海市、琼中黎族苗族自治县、屯昌县、万宁市和文昌市共有 10 个乡镇降水量超过 300mm,最大降水量为文昌市重兴镇 377mm。台风"莎莉嘉"登陆对海南全岛防汛、防台风安全带来巨大威胁。

面对第 21 号强台风"莎莉嘉"来袭,海南省防汛防风防旱总指挥部决定 10 月 17 日 1 时将防汛防风Ⅱ级应急响应提升至防汛防风Ⅰ级应急响应。在台风来临之前,全省提前组织 25 396 艘渔船回港避风,已转移上岸 45 349 人。据不完全统计,截至 10 月 17 日 12 时,全省已转移居住在危房、低洼处、山洪灾害易发区的居民和孤寡老人等共计 131 123 人。

2. 海浪概况

根据国家海洋环境预报中心提供的海浪实况分析，1621 号"莎莉嘉"强台风经过南海海面时，最高出现 6.0~9.0m 的狂浪到狂涛，海南岛沿岸有 4.0~7.0m 的巨浪到狂浪。

3. 风暴潮概况

1621 号强台风"莎莉嘉"影响期间，10 月 17 日上午至 19 日上午，文昌市的清澜站最大增水为 110cm，最高潮位出现在 18 日 11 时 21 分，为 254cm，超过当地警戒潮位 14cm，海口市的秀英站出现接近当地警戒潮位的高潮位，其他验潮站均出现不同程度的风暴增水，但最高潮位都未超过当地警戒潮位。图 6-62~图 6-66 为沿岸各主要验潮站潮位和增水曲线图。

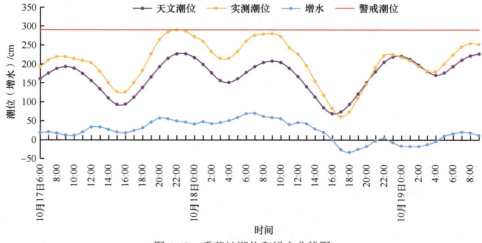

图 6-62　秀英站潮位和增水曲线图

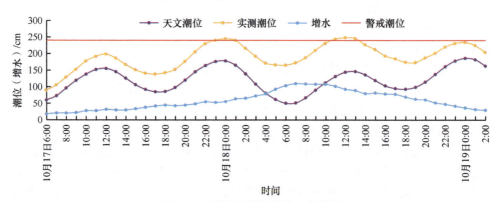

图 6-63　清澜站潮位和增水曲线图

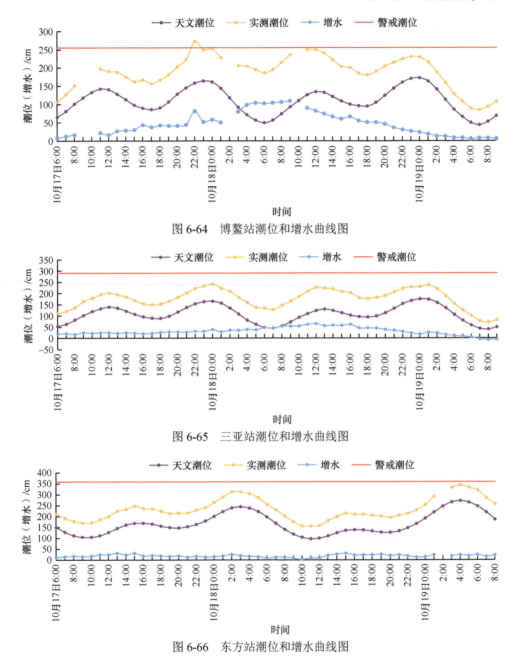

图 6-64　博鳌站潮位和增水曲线图

图 6-65　三亚站潮位和增水曲线图

图 6-66　东方站潮位和增水曲线图

6.8.5　灾害调查情况

1621 号强台风"莎莉嘉"影响期间,海南省 10 月 17 日 1 时启动 Ⅰ 级应急响应,并在台风过后启动 1621 号强台风"莎莉嘉"灾后实地调查工作。

1. 调查地点、时间

（1）调查地点

调查地点为万宁市、琼海市和文昌市。

（2）调查时间

调查时间为 2016 年 10 月 19~21 日。

2. 万宁市现场调查

10 月 19 日，调查组前往台风登陆点万宁市进行实地调查，在万宁市海洋与渔业局的协助下，了解当地的灾害损失情况。据万宁市海洋与渔业局相关工作人员介绍，"莎莉嘉"登陆时风力达到 14 级，在登陆前各级政府极度重视，提前做好了前期工作，由局长亲自部署防台风任务，责任落实到人，周密安排，10 月 15 日就开始动员渔船回港、渔民撤离渔船等。因此，在此次强台风影响过程中，无渔船损坏及人员伤亡事件，除了小海大量的降雨导致海水养殖业受到重创，万宁市其他地区受到台风影响的灾害较轻。

在了解相关情况后，调查组沿神州半岛至小海沿海一带进行调查。神州半岛三面环海，一面接陆，老爷海的海水在此处入海。据当地渔民介绍，"莎莉嘉"影响期间，潮位不高，对防护堤的影响不大，但在台风登陆前后，降雨时间较长，雨量较大。调查人员在现场看到，上游的雨水流动依然湍急，少量的养殖渔排受到一定的损坏，但没有发现有鱼虾类死亡。靠近神州半岛的内侧，依然能清晰地看到有大量的农田被淹没，侧面可以显示此次强台风的降雨量之大。

调查组前往万宁市的重要经济渔港乌场港进行实地调查，只见港内渔船停靠有序，间隔合理，管理规范。通过与当地渔民的交谈得知，在台风来临之前，政府组织渔船回港避风，渔民上岸，较小的渔船集中利用起重机吊上岸进行加固，沿岸堤防坚固，因此"莎莉嘉"对乌场港整体造成的灾害损失较小。

完成对乌场港灾情的了解后，调查组来到此次强台风的登陆点大花角。大花角由前鞍和后鞍两个山峦构成，形成一个天然的屏障。据当地村民介绍，"莎莉嘉"登陆时，大花角处在台风眼，台风对当地影响不大。调查人员在现场发现，除了有少量的防风林被吹断以外，没有发现造成其他的损害。

港北港是海南省东海岸的正东面，渔港由外港和内港组成，从外海至内海，仅有一个小小的出海口，或者说是入海口。内海又称小海，万宁市有 4 条河流汇聚于此，正因为如此得天独厚的地理优势，在内港有众多的养殖渔排。10 月 20 日，调查组奔赴万宁市和乐镇港北港码头，调查人员在现场看到，港内渔船众多，依次整齐排开（图 6-67），上游河流的河水湍急地流向内海。

由于港北港没有固定的海洋观测站，为了解风暴增水对港北港造成的灾害，调查人员向码头附近的群众了解情况。根据群众的反映，这次台风影响期间，该处没有出现很大的风，由风暴潮引起的灾害较小。然而，由于此次台风过程降雨量较大、时间长，上游河流和水库的雨水大都汇集于此，而港北港的出海口较小，雨水难以迅速流入海洋，提高了水平面，对港内的养殖户造成了巨大的损失，调查人员在现场看到许多渔排和用于养殖鱼虾的渔网受到了严重破坏（图 6-68）。

图 6-67　港北港码头避风的渔船　　　　图 6-68　被损坏的渔排

了解完港北港的情况后，调查人员前往小海腹地的英豪村进行实地调查。英豪村地势较低，因此养殖池较多。"莎莉嘉"影响期间，小海上游流入水量较大，所以英豪村受灾严重。因为前往小海附近养殖池的水泥路被淹没，调查人员只好涉水而过，只见前往养殖池的道路和沿岸防护堤被损坏，养殖设施受到严重破坏。附近群众向调查人员讲述，台风影响期间，因为降雨和上游河流来水共同影响，所有道路和养殖池均被淹没。

3. 琼海市现场调查

10 月 16 日调查组来到琼海市进行实地调查。据琼海市海洋与渔业局的工作人员介绍，台风影响期间，城市内涝严重，而琼海市因海水养殖较少，基本没有渔业损失，博鳌镇沿海受浪潮共同作用，海岸侵蚀较为严重，造成部分岸段防护堤受损（图 6-69）。

4. 文昌市现场调查

调查组赴此次风暴增水超当地警戒潮位的文昌市进行灾害调查及潮位验证工作。10 月 18 日早晨，调查组来到清澜港码头，只见港内停靠着大量渔船，停靠有序，管理规范。据当地工作人员介绍，台风登陆前后，风浪较大，由于风暴增水，最高潮时潮水漫过清澜港码头 20～30cm（图 6-70），台风过后，潮位逐渐降低至警戒潮位以下。

6.8.6　"莎莉嘉"灾害损失

"莎莉嘉"海洋灾害灾情统计包括各受灾市县的人员伤亡、养殖损失、渔船损失，以及渔港码头、护岸、防波堤毁损等内容。根据海南省海洋与渔业厅的统计结果，1621号强台风"莎莉嘉"给海南省造成的渔业直接经济损失为35 380.28万元。

图6-69 海岸侵蚀损坏的防护堤　　图6-70 台风影响期间的清澜港码头

"莎莉嘉"影响期间，海南省没有人口伤亡和渔船损失，损失最大的是万宁市，主要是海水养殖方面，且大部分集中在小海内的网箱养殖，分析其受灾原因，主要由于小海与外海连接处仅有一个小小的出海口，小海内由于得天独厚的地理优势，成为天然避风港湾，里面有众多的养殖渔排，万宁市4条河流汇聚于此，由于降雨量大，河水全部汇聚于小海，因此小海内海平面抬升，盐度相对降低，造成海水养殖鱼类死亡，养殖户损失巨大。

6.9　1719号强台风"杜苏芮"风暴潮灾害调查

6.9.1　概况

2017年9月12日14时，1719号热带气旋"杜苏芮"在菲律宾马尼拉上空加强到热带风暴级别，中心位置为14.7°N、120.8°E，中心气压为998hPa，中心附近最大风速为18m/s（8级），并以15~20km/h的速度朝偏西方向移动。9月13日20时，该系统进入南海，维持强度，在短暂地朝偏西方向移动后，后期稳定地向西北偏西向移动，移动速度为19~25km/h，强度逐渐增大，系统于15日4时达生命史最强时期，中心附近最大风速达42m/s（14级），中心气压为955hPa，七级风圈半径为350km，十级风圈半级为100km，十二级风圈半径为50km。之后，该系统继续朝西北偏西方向移动。9月15日12时15分，"杜苏芮"以强台风级别在越南北部沿海登陆，登陆时中心附近最大风力达14级（45m/s），中心气压为950hPa。登陆后，该系统逐渐减弱消失。

"杜苏芮"系统的主要特征分析如下。

1）移速表现为前期缓慢，为15~19km/h，后期较快，为19~25km/h。

2）系统发生时处于季风转换季节，移动路径变化相对较大。

3）云系覆盖面广，影响范围较大，七级风圈半径达350km。

6.9.2　海浪概况

1719号强台风"杜苏芮"影响期间，9月12~16日南海出现6.0~9.0m的狂浪到狂涛，海南岛沿岸有 4.0～7.0m 的巨浪到狂浪。

6.9.3 风暴潮概况

1719 号强台风"杜苏芮"影响期间，9 月 14 日 0 时至 15 日 23 时海口市的秀英站最大增水为 32cm，最高潮位出现在 15 日 12 时 42 分，为 276cm；文昌市的清澜站最大增水为 48cm，最高潮位出现在 15 日 4 时 20 分，为 211cm；博鳌站最大增水为 57cm，最高潮位出现在 15 日 4 时 30 分，为 236cm；三亚站最大增水为 67cm，最高潮位出现在 15 日 5 时 41 分，为 275cm，超当地警戒潮位 7cm；东方站最大增水为 65cm，最高潮位出现在 15 日 11 时 22 分，为 371cm，超当地警戒潮位 6cm。三亚站、东方站的最高潮位均超过当地警戒潮位，其他验潮站最高潮位都未超过当地警戒潮位。图 6-71～图 6-75 为沿岸各主要验潮站潮位和增水曲线图。

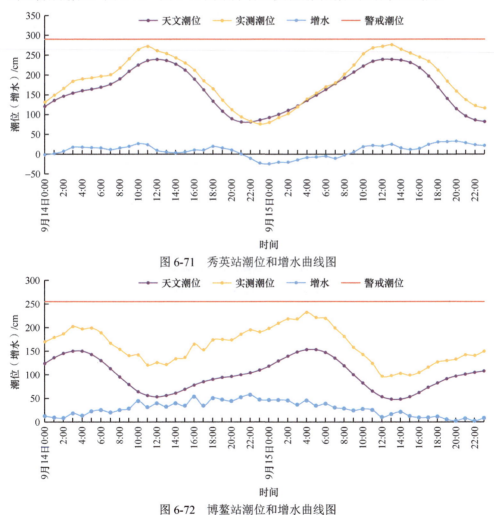

图 6-71 秀英站潮位和增水曲线图

图 6-72 博鳌站潮位和增水曲线图

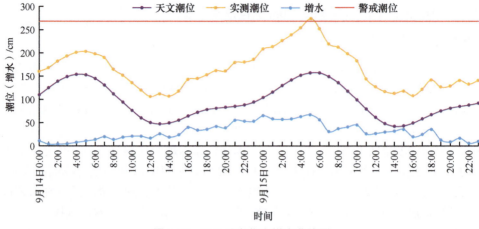

图 6-73　三亚站潮位和增水曲线图

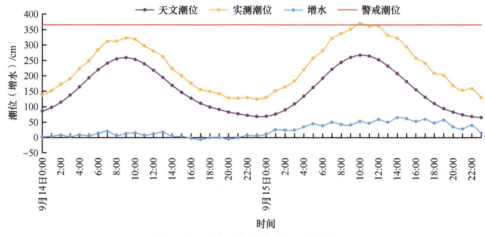

图 6-74　东方站潮位和增水曲线图

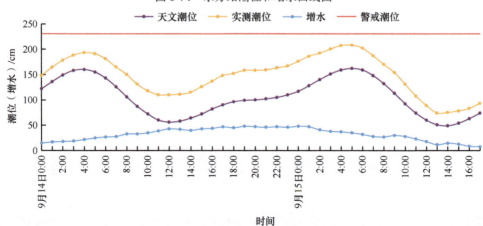

图 6-75　清澜站潮位和增水曲线图

6.9.4 灾害调查情况

1. 三亚市现场调查

随着 1719 号强台风"杜苏芮"逐渐远离海南岛,调查组 9 月 15 日立即赶赴台风影响最严重的三亚市进行灾害调查,调查组来到三亚市区,看到停放在三亚河里避风的游艇井然有序(图 6-76),据沿岸当地居民介绍,台风对内河影响不大。

三亚湾东侧影响不大,西侧受损严重,岸边基础设施损毁,沙滩上补种的绿植被冲毁,部分岸段潮水冲刷至岸上十多米,路边绿化带受损。2017 年 9 月三亚市海洋与渔业局在沙滩补种的绿植中设立的海岸线标志碑被冲毁。调查结果见图 6-77。

图 6-76 三亚河里井然有序的游艇

图 6-77 三亚市海洋与渔业局设立的海岸线标志碑被冲毁

三亚市红塘湾位于三亚市西侧的天涯区,调查发现,受台风影响,红塘湾岸线受到不同程度的侵蚀,部分岸段沙坎高度近 1m,依海而建的天涯区有 4 条街道直通海边沙滩,受 1719 号强台风"杜苏芮"的影响,海边连接 4 条街道与沙滩的水泥台阶全部被海浪打毁。调查结果见图 6-78。

亚龙湾西部的陡坎继续后移,金茂三亚丽思卡尔顿酒店前方沙滩上埋设的水泥框架完全出露,岸上绿化带及道路损毁,岸边卫生间呈半悬空状态。该岸段两个海岸侵蚀监测桩保存完好。亚龙湾东侧沙滩常年游客密集,受台风影响,该处海底世界码头东侧岸上的一排房屋损毁严重,已停止营业,码头西侧岸上设施损毁严重,由于游客众多,台风过后尽快进行了部分修复。

图 6-78 三亚市红塘湾天涯区沿海街道通向海边的台阶被打坏

调查组赴三亚市亚龙湾国家旅游度假区管理委员会进行实地调查。管理委员会《关于台风"杜苏芮"侵袭亚龙湾海岸情况的报告》详细描述了台风影响下亚龙湾的受灾情况：9月14日，台风"杜苏芮"从三亚市南部海面经过时，巨大的海浪冲击给亚龙湾海滩沙坝造成了较大的损失，大量海沙流失，部分海滩后退4~10m，与此同时，海边大小设施也不同程度地受到破坏，有些沙滩段与原先落差近2m，沙滩上的服务设施（包括拦沙堤）多数被冲垮或地基被掏空。调查结果见图6-79～图6-81。

图6-79　环球城酒店沙滩吧处冲垮房底下基础和木台阶被海水掏空，木台阶处于悬空状态

图6-80　海底世界沙滩吧被海水冲垮

图6-81　维景酒店、西山渡沙滩通行道路被冲垮，整个沙滩后退约6m

2. 乐东黎族自治县现场调查

乐东黎族自治县龙栖湾村波波利海岸地产项目附近沿海，受强台风"杜苏芮"的影响，海岸侵蚀严重，岸边出现高约60cm的沙坎，观海平台底部悬空破

损，木栈桥部分半悬空，部分被冲毁，绿化带受损严重。

根据调查结果，亚龙湾基础设施损失约 40 万元，乐东黎族自治县龙栖湾沿岸基础设施损失约 180 万元。各市县未向海南省海洋与渔业厅预报减灾处报送渔业损失情况等其他灾情。

6.10　高海平面期与海南省风暴潮灾害

海平面上升会抬高风暴增水的基础水位，如果风暴潮影响期间又恰逢季节性高海平面和天文大潮，高海平面、风暴增水和天文大潮三者叠加就会形成极值高水位，会加剧风暴潮灾害的致灾程度。

2009~2019 年，海南岛沿岸共发生 9 次造成严重灾害的风暴潮过程，年平均 1 次，主要发生在 9~10 月，给海南岛带来重大经济损失。其中，6 次发生在高海平面期间，分别是 0917 号"芭玛"、1117 号"纳沙"、1119 号"尼格"、1415 号"海鸥"、1522 号"彩虹"和 1621 号"莎莉嘉"。

2009 年 10 月，0917 号热带风暴"芭玛"登陆时恰逢天文大潮和季节性高海平面，风、浪、海平面异常偏高和天文大潮共同作用，造成了较为严重的风暴潮灾害，海南省渔业直接经济损失 4940.1 万元。

2011 年，1108 号强热带风暴"洛坦"、1117 号强台风"纳沙"、1119 号强台风"尼格"分别于 7 月 29 日 17 时 40 分在海南省文昌市龙楼镇沿海、9 月 29 日 14 时 30 分在海南省文昌市翁田镇沿海、10 月 4 日 12 时 30 分在万宁市东澳镇沿海登陆。9 月底至 10 月初为南海高海平面期，海平面较常年同期偏高约 250mm，又恰逢天文大潮期，在此期间登陆的"纳沙"给海南省造成直接经济损失 58.1371 亿元，渔业直接经济损失 17.2813 亿元；"尼格"给海南省造成直接经济损失 7.0148 亿元，渔业直接经济损失 2.661 64 亿元。

2014 年，1409 号超强台风"威马逊"和 1415 号超强台风"海鸥"登陆海南岛，其中"海鸥"登陆期间为南海高海平面期，又恰逢天文大潮，加剧了海南岛沿海的风暴潮致灾程度，渔业直接经济损失 9.26 亿元。

2015 年，1522 号强台风"彩虹"于 10 月登陆广东省湛江市，登陆时恰逢天文大潮和季节性高海平面，海南省直接经济损失 1.36 亿元，渔业直接经济损失 3288.6 万元。

2016 年 10 月 17~19 日，1621 号强台风"莎莉嘉"登陆海南岛，登陆时恰逢天文大潮和季节性高海平面，海南省渔业直接经济损失 3.538 028 亿元。

第 7 章　海水入侵及土壤盐渍化

　　海水入侵是指海水通过透水层渗入水位较低的陆地淡水层的现象。由于自然或人为原因，海滨地区地下水水动力条件发生变化，因此海滨地区含水层中的淡水与海水之间的平衡状态遭到破坏，导致海水或与海水有水力联系的高矿化地下咸水沿含水层向陆地方向扩侵。海水入侵使海滨地区淡水资源受到破坏，给工农业生产和人类生活带来影响。在全球变暖的背景下，海平面上升使得滨海地区咸淡水过渡区域的海水压力增强，海水挤压使得咸淡水界面向陆地方向移动，加剧了海水的入侵程度。

　　土壤盐渍化是指土壤中积聚盐分形成盐渍土的过程。海平面上升加剧海水入侵，地下咸水沿土壤毛细管上升进入耕作层，将加剧土壤的盐渍化，当土壤中积聚盐、碱且其含量超过正常耕种土壤水平时，会导致作物生长受到伤害，严重影响人畜饮用水，土地荒芜，使居民生活和生存环境受到极大损害。

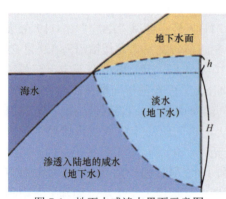

图 7-1　地下水咸淡水界面示意图

　　在海岸线附近无隔水体的条件下，咸淡水界面在海平面下的深度约为潜水面在海平面以上高度的 40 倍（$H=40h$），如图 7-1 所示。海平面每升高 10cm，将导致地下水咸淡水界面上升 4m 多。在我国经济发达地区所在的滨海平原地区，地下水与海水间多缺乏有效的隔水层，且淡水面的高程向内陆升高的坡度较小，（如天津市海岸与市中心相距约 40km，而市中心海拔仅比岸边高 1.5m），极易造成海水入侵范围向内陆推进数千米甚至数十千米的局面，影响的沿海陆地面积可能达数千甚至上万平方千米。

　　我国最早于 1964 年在大连市发现海水入侵，1970 年青岛市也出现了海水入侵现象，大部分沿海城市的海水入侵现象出现在 20 世纪 70 年代后期及 80 年代初期之后。根据全国海平面变化影响调查成果中关于我国沿海地区海水入侵和土壤盐渍化空间分布及时间变化特征，目前渤海和黄海部分滨海平原地区海水入侵与土壤盐渍化范围较大，东海和南海滨海地区海水入侵范围较小，土壤盐渍化程度较轻。渤海沿岸的海水入侵距离可达 10~30km，北黄海沿岸的海水入侵距离一般为 5km 左右，东海和南海的海水入侵距离较小，一般为 2km 左右。

　　海南省在三亚市海棠湾和榆林湾分别进行了海水入侵和土壤盐渍化监测。

7.1 海水入侵和土壤盐渍化的调查情况

7.1.1 监测区域

按照有关技术标准要求,充分考虑三亚市海岸带特点及该地区海水入侵成因,在三亚市榆林湾和海棠湾就海水入侵监测布设了 2 条监测断面 6 个监测井位,具体位置如表 7-1 所示,有关土壤盐渍化的监测同样布设了 2 条监测断面 6 个监测井位,具体位置如表 7-2 所示。

表 7-1 海水入侵监测断面各站点

监测断面	站点(井位)	距海边距离/m	监测断面	站点(井位)	距海边距离/m
榆林湾	HRSY101	364	海棠湾	HRSY201	145
榆林湾	HRSY102	500	海棠湾	HRSY202	535
榆林湾	HRSY103	660	海棠湾	HRSY203	1161

表 7-2 土壤盐渍化监测断面各站点

监测断面	站点(井位)	距海边距离/m	监测断面	站点(井位)	距海边距离/m
榆林湾	YZSY101	305	海棠湾	YZSY201	111
榆林湾	YZSY102	421	海棠湾	YZSY202	332
榆林湾	YZSY103	476	海棠湾	YZSY203	603

7.1.2 监测方法

2010～2013 年枯水期和丰水期、2014～2017 年枯水期分别对 6 个海水入侵监测站点和 6 个土壤盐渍化监测站点进行监测,并将采集的样品委托有资质的检测单位进行检测。海水入侵主要监测内容为地下水氯离子浓度(Cl^-)、矿化度、水位和 pH。土壤盐渍化主要监测内容为土壤氯离子浓度(Cl^-)、硫酸根离子浓度(SO_4^{2-})、全盐含量和 pH。海水入侵监测项目和分析方法及土壤盐渍化监测项目和分析方法详情分别见表 7-3 和表 7-4。

表 7-3 海水入侵监测项目与分析方法

项目	分析方法
水位	测绳测量
矿化度	重量法
Cl^-	硝酸银滴定法
pH	pH 计法

表 7-4 土壤盐渍化监测项目与分析方法

项目	分析方法
pH	NY/T 1121.2—2006
全盐含量	NY/T 1121.16—2006
SO_4^{2-}	NY/T 1121.18—2006
Cl^-	NY/T 1121.17—2006

按照有关技术标准要求对于海水入侵程度等级和土壤盐渍化程度等级的划分标准见表 7-5～表 7-8。

表 7-5 海水入侵水化学观测指标与入侵程度等级划分标准

分级指标	I	II	III
Cl⁻/（mg/L）	<250	250～1000	>1000
矿化度/（g/L）	<1.0	1.0～3.0	>3.0
入侵程度	无入侵	轻度入侵	严重入侵
水质分类范围	淡水	微咸水	咸水

表 7-6 土壤酸碱度分级标准

分级	极强酸性	强酸性	酸性	中性	碱性	强碱性	极强碱性
pH	<4.5	4.5～5.5	5.5～6.5	6.5～7.5	7.5～8.5	8.5～9.5	>9.5

表 7-7 土壤盐渍化类型划分标准

盐渍化类型	Cl^-/SO_4^{2-}	盐渍化类型	Cl^-/SO_4^{2-}
硫酸盐型（SO_4^{2-}）	<0.5	硫酸盐-氯化物型（SO_4^{2-}-Cl^-）	1.0～4.0
氯化物-硫酸盐型（Cl^--SO_4^{2-}）	0.5～1.0	氯化物型（Cl^-）	>4.0

表 7-8 土壤盐渍化程度划分标准

盐渍化类型	0～100cm 土层全盐含量/%			
	氯化物型（Cl^-）	硫酸盐-氯化物型（SO_4^{2-}-Cl^-）	氯化物-硫酸盐型（Cl^--SO_4^{2-}）	硫酸盐型（SO_4^{2-}）
非盐渍化土	<0.15	<0.2	<0.25	<0.3
轻盐渍化土	0.15～0.3	0.2～0.3	0.25～0.4	0.3～0.6
中盐渍化土	0.3～0.5	0.3～0.6	0.4～0.7	0.6～1.0
重盐渍化土	0.5～0.7	0.6～1.0	0.7～1.2	1.0～2.0
盐土	>0.7	>1.0	>1.2	>2.0

7.1.3 海水入侵观测结果

通过对 2010～2017 年榆林湾和海棠湾断面的连续监测发现，2017 年榆林湾和海棠湾监测断面各站点的地下水矿化度均出现了异常突增，突增原因有待进一步研究，以下对各站点地下水矿化度时间序列的分析均不考虑该年情况。另外，通过对各站点同一年内枯水期和丰水期观测的对比发现，丰水期地下水氯离子浓度明显下降，矿化度没有明显变化。图 7-2 展示了 2010～2017 年榆林湾和海棠湾各站点断面氯离子浓度的连续监测时间序列。

具体分析各站点情况（表 7-9，表 7-10）发现，榆林湾 HRSY101 站点除 2010 年丰水期监测值为轻度入侵外，其余时间段监测值均处于严重入侵状态，该站点枯水期地下水氯离子浓度从 2010 年至 2011 年突增 8000mg/L 以上，2011 年达到峰值后逐年下降，基本维持在 6000mg/L 上下，地下水矿化度变化情况同氯离子浓度变化情况基本一致，判断该站点为咸淡水过渡带上的海水入侵区。榆林湾

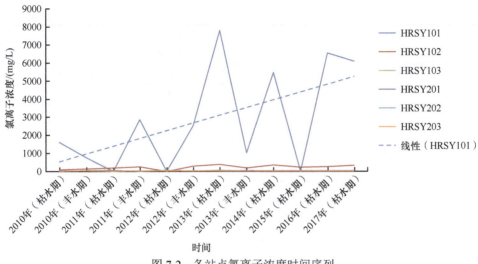

图 7-2 各站点氯离子浓度时间序列

HRSY102 站点除 2010 年丰水期、2015 年枯水期无入侵外均处于轻度入侵状态，水质为微咸水，该站点枯水期地下水氯离子浓度除 2012 年增加至 511.50mg/L 外，历年来基本保持在 300mg/L 上下，矿化度历年来基本保持在 1g/L 上下，判断该站点为咸淡水过渡带上的过渡带。榆林湾 HRSY103 站点在观测期内均未发现海水入侵，2014 年后枯水期地下水氯离子浓度基本在 20mg/L 上下浮动，其矿化度 2012~2015 年枯水期在 0.5g/L 左右，2016 年枯水期下降至 0.15g/L。

表 7-9 三亚市沿海区域海水入侵监测结果（枯水期）

年份	监测站点	榆林湾			海棠湾		
		HRSY101	HRSY102	HRSY103	HRSY201	HRSY202	HRSY203
2010 年	Cl⁻/（mg/L）	1606.37	98.15	41.42	8.64	41.51	4.32
	矿化度/（g/L）	15.25	1.11	0.28	0.05	0.30	0.10
	入侵程度	严重入侵	轻度入侵	无入侵	无入侵	无入侵	无入侵
	水质等级	咸水	微咸水	淡水	淡水	淡水	淡水
2011 年	Cl⁻/（mg/L）	9788.60	199.89	24.50	60.65	19.69	23.32
	矿化度/（g/L）	19.71	1.21	0.3	0.52	0.04	0.15
	入侵程度	严重入侵	轻度入侵	无入侵	无入侵	无入侵	无入侵
	水质等级	咸水	微咸水	淡水	淡水	淡水	淡水
2012 年	Cl⁻/（mg/L）	8844.00	511.50	57.79	35.43	23.28	30.32
	矿化度/（g/L）	18.15	1.84	0.52	0.13	0.16	0.19
	入侵程度	严重入侵	轻度入侵	无入侵	无入侵	无入侵	无入侵
	水质等级	咸水	微咸水	淡水	淡水	淡水	淡水

续表

年份	监测站点	榆林湾			海棠湾		
		HRSY101	HRSY102	HRSY103	HRSY201	HRSY202	HRSY203
2013年	Cl⁻/（mg/L）	7808.04	387.38	57.69	34.07	23.08	28.02
	矿化度/(g/L)	21.53	1.32	0.64	0.2	0.24	0.3
	入侵程度	严重入侵	轻度入侵	无入侵	无入侵	无入侵	无入侵
	水质等级	咸水	微咸水	淡水	淡水	淡水	淡水
2014年	Cl⁻/（mg/L）	5467.45	353.49	17.06	32.32	18.57	17.47
	矿化度/(g/L)	12.18	1.2	0.42	0.17	0.16	0.18
	入侵程度	严重入侵	轻度入侵	无入侵	无入侵	无入侵	无入侵
	水质等级	咸水	微咸水	淡水	淡水	淡水	淡水
2015年	Cl⁻/（mg/L）	5742.40	228.56	17.64	32.16	17.92	18.06
	矿化度/(g/L)	3.54	0.97	0.68	0.47	0.051	0.069
	入侵程度	严重入侵	无入侵	无入侵	无入侵	无入侵	无入侵
	水质等级	咸水	淡水	淡水	淡水	淡水	淡水
2016年	Cl⁻/（mg/L）	6532.55	255.77	28.06	36.22	24.33	21.98
	矿化度/(g/L)	3.32	1	0.15	1.92	0.049	0.072
	入侵程度	严重入侵	轻度入侵	无入侵	无入侵	无入侵	无入侵
	水质等级	咸水	微咸水	淡水	淡水	淡水	淡水
2017年	Cl⁻/（mg/L）	6083.22	333.19	22.12	31.94	21.98	19.91
	矿化度/(g/L)	59.7	25.2	1.7	8.5	1.92	1.23
	入侵程度	严重入侵	严重入侵	轻度入侵	严重入侵	轻度入侵	轻度入侵
	水质等级	咸水	咸水	微咸水	咸水	微咸水	微咸水

表 7-10 三亚市沿海区域海水入侵监测结果（丰水期）

年份	监测站点	榆林湾			海棠湾		
		HRSY101	HRSY102	HRSY103	HRSY201	HRSY202	HRSY203
2010年	Cl⁻/（mg/L）	756.66	141.15	30.64	49.22	33.05	42.52
	矿化度/(g/L)	2.6322	0.5904	0.3964	0.1749	0.1826	0.1948
	入侵程度	轻度入侵	无入侵	无入侵	无入侵	无入侵	无入侵
	水质等级	微咸水	淡水	淡水	淡水	淡水	淡水
2011年	Cl⁻/（mg/L）	2852.86	257.35	24.97	27.8	22.86	31.67
	矿化度/(g/L)	20.38	1.59	0.33	0.57	0.04	0.14
	入侵程度	严重入侵	轻度入侵	无入侵	无入侵	无入侵	无入侵
	水质等级	咸水	微咸水	淡水	淡水	淡水	淡水
2012年	Cl⁻/（mg/L）	2531.13	292.16	17.65	34.71	30.95	29.12
	矿化度/(g/L)	21.038	1.296	0.253	0.318	0.046	0.141
	入侵程度	严重入侵	轻度入侵	无入侵	无入侵	无入侵	无入侵
	水质等级	咸水	微咸水	淡水	淡水	淡水	淡水

续表

年份	监测站点	榆林湾			海棠湾		
		HRSY101	HRSY102	HRSY103	HRSY201	HRSY202	HRSY203
2013 年	Cl⁻/(mg/L)	1015.08	188.41	24.68	37.17	15.99	17.38
	矿化度/(g/L)	21.8	1.2	0.6	0.2	0.3	0.4
	入侵程度	严重入侵	轻度入侵	无入侵	无入侵	无入侵	无入侵
	水质等级	咸水	微咸水	淡水	淡水	淡水	淡水

海棠湾各站点基本未出现海水入侵，HRSY201 站点枯水期氯离子浓度基本在 35mg/L 左右，矿化度在 0.5g/L 左右，但是在 2016 年陡升至 1.92g/L；HRSY202 站点氯离子浓度基本维持在 20mg/L 左右，矿化度在 0.1g/L 上下浮动；HRSY203 站点氯离子浓度同样基本维持在 20mg/L 左右，矿化度维持在 0.1g/L 左右。

对以上观测数据进行海水入侵水化学观测指标与入侵程度等级划分，结果表明，三亚市榆林湾监测断面出现了海水入侵：距海岸线 364m 的 HRSY101 站点入侵程度为重度入侵，水质等级为咸水；距海岸线 500m 的 HRSY102 站点入侵程度为轻度入侵，水质等级为微咸水；距海岸线 660m 的 HRSY103 站点未出现海水入侵。监测结果表明，榆林湾海水入侵范围在距海岸线 500m 以上，海棠湾监测断面未出现海水入侵。根据年度监测结果对比分析，2010~2017 年，榆林湾 HRSY101 站点海水入侵程度明显加深，榆林湾其他站点和海棠湾各站点海水入侵情况没有明显变化。

7.1.4 土地盐渍化监测结果

榆林湾监测断面各站点土壤酸碱性以碱性和中性为主，土壤盐渍化程度以盐土为主（表 7-11，表 7-12）。具体分析各站点土壤盐渍化时间序列发现，榆林湾 YZSY101 站点土壤酸碱度除 2012 年枯水期和 2013 年枯水期、丰水期为强碱性之外，其余时间段观测结果均为碱性，土壤盐渍化程度一直为盐土；YZSY102 站点土壤酸碱度 2014 年及之前为碱性或强碱性，2015~2017 年转为中性，土壤盐渍化类型除 2012 年丰水期和 2013 年枯水期为重盐渍化土、2013 年丰水期为中盐渍化土外，其余各时间段均为盐土；YZSY103 站点土壤酸碱度 2010 年为中性，2011~2013 年为碱性或强碱性，2014~2017 年转为中性，土壤盐渍化程度 2010 年丰水期和 2011 年、2012 年枯水期为盐土，2013 年为轻盐渍化土，2014 年、2015 年枯水期为中盐渍化土，2016 年、2017 年枯水期为轻盐渍化土。

海棠湾监测断面各站点土壤酸碱度以酸性和中性为主，土壤盐渍化程度呈从盐土到轻盐土的明显下降趋势（表 7-11，表 7-12）。具体分析海棠湾各站点土壤盐渍化时间序列发现，YZSY201 站点土壤酸碱度 2010 年枯水期为中性，丰水期为酸性，2011 年枯水期为酸性，丰水期为中性，2012 年、2013 年为酸性，2014 年

表 7-11　三亚市沿海区域土壤盐渍化监测结果（枯水期）

监测站点		榆林湾			海棠湾		
		YZSY101	YZSY102	YZSY103	YZSY201	YZSY202	YZSY203
2010 年	pH	8.06	8.26	7.4	6.96	5.18	6.53
	全盐含量/%	3.184	2.929	2.878	3.197	3.372	3.133
	Cl^-/（g/kg）	1.072	0.029	0.108	1.35	0.042	0.016
	SO_4^{2-}/（g/kg）	0.26	0.03	—	0.42	0.17	0.07
	Cl^-/SO_4^{2-}	4.123	0.967	—	3.214	0.247	0.229
	土壤酸碱度	碱性	碱性	中性	中性	强酸性	中性
	盐渍化类型	氯化物型	氯化物-硫酸盐型	—	硫酸盐-氯化物型	硫酸盐型	硫酸盐型
	盐渍化程度	盐土	盐土	—	盐土	盐土	盐土
2011 年	pH	8.28	7.76	7.64	6.37	5.64	5.56
	全盐含量/%	2.3	1.5	1.3	1.9	1.8	1.1
	Cl^-/（g/kg）	11.61	0.21	0.41	5.98	0.23	0.05
	SO_4^{2-}/（g/kg）	1.4	0.4	0.6	1.1	0.05	0.05
	Cl^-/SO_4^{2-}	8.29	0.52	0.67	5.44	4.6	1
	土壤酸碱度	碱性	碱性	碱性	酸性	酸性	酸性
	盐渍化类型	氯化物型	氯化物-硫酸盐型	氯化物-硫酸盐型	氯化物型	氯化物型	氯化物-硫酸盐型
	盐渍化程度	盐土	盐土	盐土	盐土	盐土	重盐渍化土
2012 年	pH	8.77	8.67	8.16	6.44	6.41	6.65
	全盐含量/%	8.22	2.68	1.38	1.00	0.77	0.32
	Cl^-/（g/kg）	2.6	0.42	0.16	0.45	0.03	0.04
	SO_4^{2-}/（g/kg）	0.54	0.4	0.23	0.05	0.04	0.04
	Cl^-/SO_4^{2-}	4.8	1.05	0.7	9	0.75	1
	土壤酸碱度	强碱性	强碱性	碱性	酸性	酸性	酸性
	盐渍化类型	氯化物型	硫酸盐-氯化物型	氯化物-硫酸盐型	氯化物型	氯化物-硫酸盐型	氯化物-硫酸盐型
	盐渍化程度	盐土	盐土	盐土	盐土	重盐渍化土	轻盐渍化土
2013 年	pH	8.53	8.74	8.58	6.3	7.45	6.8
	全盐含量/%	7.8	1.9	0.6	0.6	1.0	0.5
	Cl^-/（g/kg）	1.34	0.21	0.09	0.22	0.01	0.02
	SO_4^{2-}/（g/kg）	0.22	0.64	0.62	0.09	0.15	0.81
	Cl^-/SO_4^{2-}	6.09	0.33	0.15	2.44	0.07	0.02
	土壤酸碱度	强碱性	强碱性	强碱性	酸性	中性	中性
	盐渍化类型	氯化物型	硫酸盐型	硫酸盐型	硫酸盐-氯化物型	硫酸盐型	硫酸盐型
	盐渍化程度	盐土	重盐渍化土	轻盐渍化土	中盐渍化土	中盐渍化土	轻盐渍化土

续表

	监测站点	榆林湾			海棠湾		
		YZSY101	YZSY102	YZSY103	YZSY201	YZSY202	YZSY203
2014年	pH	7.96	8.01	7.23	8.67	8.23	6.6
	全盐含量/%	5.3	2.5	0.8	0.5	0.7	0.4
	Cl^-/（g/kg）	1.13	0.28	0.1	0.14	0.03	0.03
	SO_4^{2-}/（g/kg）	0.89	0.17	0.48	0.43	0.54	0.14
	Cl^-/SO_4^{2-}	1.26	1.65	0.21	0.33	0.05	0.21
	土壤酸碱度	碱性	碱性	中性	强碱性	碱性	中性
	盐渍化类型	硫酸盐-氯化物型	硫酸盐-氯化物型	硫酸盐型	硫酸盐型	硫酸盐型	硫酸盐型
	盐渍化程度	盐土	盐土	中盐渍化土	轻盐渍化土	中盐渍化土	轻盐渍化土
2015年	pH	8.53	8.74	8.58	6.3	7.45	6.8
	全盐含量/%	5.7	2.4	0.7	1.0	0.8	0.6
	Cl^-/（g/kg）	0.67	0.16	0.09	0.12	0.04	0.03
	SO_4^{2-}/（g/g）	0.96	0.25	0.65	0.66	0.74	0.24
	Cl^-/SO_4^{2-}	0.7	0.64	0.14	0.18	0.05	0.13
	土壤酸碱度	碱性	中性	中性	中性	中性	中性
	盐渍化类型	氯化物-硫酸盐型	氯化物-硫酸盐型	硫酸盐型	硫酸盐型	硫酸盐型	硫酸盐型
	盐渍化程度	盐土	盐土	中盐渍化土	中盐渍化土	中盐渍化土	轻盐渍化土
2016年	pH	7.51	7.25	7.05	6.98	7.18	7.00
	全盐含量/%	4.99	2.41	0.55	1.31	0.96	0.49
	Cl^-/（g/kg）	3.53	0.25	0.14	1.16	0.07	0.05
	SO_4^{2-}/（g/kg）	1.11	0.96	0.64	0.82	0.7	0.29
	Cl^-/SO_4^{2-}	3.18	0.26	0.22	1.41	0.1	0.17
	土壤酸碱度	碱性	中性	中性	中性	中性	中性
	盐渍化类型	硫酸盐-氯化物型	硫酸盐型	硫酸盐型	硫酸盐-氯化物型	硫酸盐型	硫酸盐型
	盐渍化程度	盐土	盐土	轻盐渍化土	盐土	中盐渍化土	轻盐渍化土
2017年	pH	7.55	7.39	7.07	6.99	7.2	6.98
	全盐含量/%	9.14	4.81	0.47	3.29	0.76	0.49
	Cl^-/（g/kg）	1.4	0.37	0.21	0.28	0.05	0.06
	SO_4^{2-}/（g/kg）	0.8	0.21	0.42	0.38	0.39	0.17
	Cl^-/SO_4^{2-}	1.75	1.76	0.5	0.74	0.13	0.35
	土壤酸碱度	碱性	中性	中性	中性	中性	中性
	盐渍化类型	硫酸盐-氯化物型	硫酸盐-氯化物型	硫酸盐型	氯化物-硫酸盐型	硫酸盐型	硫酸盐型
	盐渍化程度	盐土	盐土	轻盐渍化土	盐土	中盐渍化土	轻盐渍化土

表 7-12 三亚市沿海区域土壤盐渍化监测结果（丰水期）

年份	监测站点	榆林湾			海棠湾		
		YZSY101	YZSY102	YZSY103	YZSY201	YZSY202	YZSY203
2010年	pH	8.38	8.38	7.91	6.24	6.08	5.98
	全盐含量/%	3.256	3.076	2.999	2.965	3.029	3.229
	Cl^-/(g/kg)	1.593	0.311	0.42	0.144	0.263	1.446
	SO_4^{2-}/(g/kg)	0.27	0.26	0.25	0.19	0.33	0.45
	Cl^-/SO_4^{2-}	5.9	1.196	1.68	0.757	0.796	3.213
	土壤酸碱度	碱性	碱性	中性	酸性	酸性	酸性
	盐渍化类型	氯化物型	硫酸盐-氯化物型	硫酸盐-氯化物型	氯化物-硫酸盐型	氯化物-硫酸盐型	硫酸盐-氯化物型
	盐渍化程度	盐土	盐土	盐土	盐土	盐土	盐土
2011年	pH	8.39	8.45	8.16	6.90	5.92	6.43
	全盐含量/%	2.26	1.33	1.22	1.90	1.26	1.06
	Cl^-/(g/kg)	4.22	0.15	0.17	1.34	0.02	0.03
	SO_4^{2-}/(g/kg)	0.94	0.00	2.16	2.02	0.33	0.26
	Cl^-/SO_4^{2-}	4.49	—	0.08	0.66	0.06	0.12
	土壤酸碱度	碱性	碱性	碱性	中性	酸性	酸性
	盐渍化类型	氯化物型	氯化物型	硫酸盐型	氯化物-硫酸盐型	硫酸盐型	硫酸盐型
	盐渍化程度	盐土	盐土	重盐渍化土	盐土	重盐渍化土	重盐渍化土
2012年	pH	8.45	8.19	8.63	5.49	5.61	5.6
	全盐含量/%	2.46	0.72	0.66	0.55	0.66	0.55
	Cl^-/(g/kg)	1.57	0.04	0.08	0.05	0.03	0.03
	SO_4^{2-}/(g/kg)	1.2	0.02	0.24	0.02	0.43	0.02
	Cl^-/SO_4^{2-}	1.31	2	0.33	2.5	0.07	1.5
	土壤酸碱度	碱性	碱性	碱性	酸性	酸性	酸性
	盐渍化类型	硫酸盐-氯化物型	硫酸盐-氯化物型	硫酸盐型	硫酸盐型	硫酸盐型	硫酸盐-氯化物型
	盐渍化程度	盐土	重盐渍化土	中盐渍化土	中盐渍化土	中盐渍化土	中盐渍化土
2013年	pH	8.68	8.33	8.52	5.71	7.72	6.86
	全盐含量/%	2.34	0.62	0.45	0.48	0.44	0.41
	Cl^-/(g/kg)	1.57	0.04	0.08	0.05	0.03	0.03
	SO_4^{2-}/(g/kg)	2.49	1.89	1.97	6.67	1.56	1.92
	Cl^-/SO_4^{2-}	0.63	0.02	0.04	0.01	0.02	0.02
	土壤酸碱度	强碱性	碱性	强碱性	酸性	碱性	中性
	盐渍化类型	硫酸盐型	硫酸盐型	硫酸盐型	硫酸盐型	硫酸盐型	硫酸盐型
	盐渍化程度	盐土	中盐渍化土	轻盐渍化土	轻盐渍化土	轻盐渍化土	轻盐渍化土

枯水期为强碱性，2015～2017 年枯水期为中性，土壤盐渍化程度 2010 年、2011 年为盐土，2012 年枯水期为盐土，丰水期为中盐渍化土，2013 年枯水期为中盐渍化土，丰水期为轻盐渍化土，2014 年枯水期为轻盐渍化土，2015 年枯水期为中盐渍化土，2016 年和 2017 年枯水期为盐土；YZSY202 站点 2010～2012 年土壤酸碱度为酸性或强酸性，2013 年枯水期为中性，丰水期为碱性，2014 年枯水期也为碱性，而后 2015～2017 年枯水期均为中性，该站点土壤盐渍化程度 2010 年和 2011 年枯水期为盐土，2011 年丰水期和 2012 年枯水期为重盐渍化土，2012 年丰水期和 2013～2017 年枯水期为中盐渍化土，2013 年丰水期为轻盐渍化土；YZSY203 站点 2010 年枯水期土壤酸碱度为中性，2010 年丰水期和 2011 年、2012 年为酸性，2013～2017 年均为中性，该站点土壤盐渍化程度 2010 年为盐土，2011 年为重盐渍化土，2012 年丰水期为中盐渍化土，2013 年丰水期和 2012～2017 年枯水期为轻盐渍化土。

2010～2017 年，总体分析榆林湾和海棠湾土壤盐渍化变化情况可知，三亚市榆林湾监测断面 YZSY101 和 YZSY102 站点土壤盐渍化程度略有加深，YZSY103 站点土壤盐渍化程度明显好转。海棠湾监测断面 YZSY201 站点盐渍化程度基本不变，YZSY202 和 YZSY203 站点盐渍化程度好转。

根据有关土壤盐渍化的评价标准，三亚市榆林湾和海棠湾监测断面均出现了不同程度的土壤盐渍化，相较而言，海棠湾的土壤盐渍化程度较轻，榆林湾程度较重。对榆林湾监测断面各站点监测结果进行比较，YZSY101 站点土壤盐渍化程度最重，YZSY103 站点程度最轻，同站点距海岸线的距离高度相关，距海岸线越近的站点，土壤盐渍化程度越高，海棠湾各监测站点结果同榆林湾一致。另外，对各站点同一年度枯水期和丰水期观测结果对比发现，丰水期土壤盐渍化程度会低于枯水期。

7.2 海水入侵的影响因素及成因

（1）动力条件

自然或人为原因打破了地下淡水与海水的平衡状态，就具备了海水向淡水流动的动力条件，从而导致海水入侵发生。

（2）水文地质条件

"通道"是指具备一定透水性能的第四系松散层、基岩断裂破碎带或溶隙、溶洞等。在泥质海岸带，透水性很差的泥质地层，阻塞了海水与地下淡水之间的联系"通道"，不具备海水入侵的水文地质条件，因此就很少发生海水入侵。

（3）气候条件

地下水主要靠大气降水来补给，如果气候持续干旱，地下水补给严重不足，同时河流入海径流量也减少，将加剧海水入侵活动，增大潮水沿河流的上溯距离。

（4）海平面上升

海平面上升，咸淡水界面将向陆移动，淡水潜水位下降，海水入侵加剧。

（5）人类活动

过度开采地下水、修建水库和塘坝等水利设施、海水养殖、引潮晒盐等会加剧海水入侵。

7.3　海水入侵和土壤盐渍化的危害及防治措施

海水入侵的危害包括地下水水质变差、土地贫瘠化、引发疾病、自然生态环境破坏、影响生产和生活等。土壤盐渍化的危害包括土地荒芜、腐蚀混凝土和地下管网、影响生产和生活等。

海水入侵必须具备两个条件，其一是水动力条件，其二是水文地质条件。同时，人为改变地下水动力条件也是发生海水入侵的主要原因。针对其发生原因，有以下防治措施。

（1）合理开采淡水资源，开源节流

调整开采时间和间隔，丰水年份（季节）多开采地下水，枯水年份（季节）少开采地下水；调整开采井布局和水井密度，合理布设水源地，即沿海禁采，近海少采，远海多采，分散开采；调整开采含水层层位，对于多层承压含水层分布区，有计划地开采不同层位。

（2）增加地下水补给

充分利用当地雨水资源，拦蓄降水和地表径流补充地下水。适当拦蓄地下径流，减小地下淡水入海通量，在滨海构筑地下阻咸帷幕。因地制宜地建造阻咸蓄淡工程和地下水库，加强地下水回灌。

（3）节约用水、分质供水

提高工业用水重复利用率，采用先进节水灌溉技术减少灌溉定额。地下水一般水质好，要优先用作生活饮用水和部分对水质要求高的工业用水，农业用水和生态用水尽量使用地表水和经过处理的污水、废水等。

（4）改善生态环境

通过兴修水利工程、调整种植业结构、植树造林和发展畜牧等措施，在海水入侵区建立结构合理、功能稳定、经济效益高的农业生态经济体系，提高抗灾能力，缓解海水入侵灾害带来的不利影响。

（5）建立沿海地区地下水监测系统

建立沿海地区地下水动态监测网，进行水位、水化学监测，必要时辅以海水水文动态监测。根据海水入侵的形成机制和入侵规律，预测海水入侵速率、规模和危害范围，从而为有效防治海水入侵提供科学依据。

第 8 章 红树林变化

红树林是生长在热带、亚热带地区的海岸潮间带或河流入海口,以红树科植物为主组成的、受周期性海水浸淹的木本植物群落,其底质一般为淤泥质或砂质。红树林是海岸带极为独特的生态景观,主要分布在江河入海口及沿海岸线的海湾内。我国红树林主要分布于海南省、广东省、广西壮族自治区、福建省和浙江省南部沿岸,福建省福鼎市是我国红树林自然分布的北界,浙江省乐清市是我国人工种植红树林分布的北界。红树林是天然的海上防护林,具有防风消浪、促淤保滩、固岸护堤、维持生物多样性、固碳储碳、净化海水和空气等功能,红树林区是各种海鸟觅食栖息、生产繁殖的场所,也是候鸟的越冬场和迁徙中转站,红树林在工业、药用等方面的经济价值也很高。由于围海造地、围塘养虾、工程开发、砍伐薪柴和环境污染等不合理利用和破坏,我国红树林生态区面积缩减,生物多样性降低,结构改变,功能下降,呈现明显的退化状态。我国红树林面积 20 世纪 50 年代约 5 万 hm^2,2001 年面积为 2.2 万 hm^2,2019 年面积恢复至 2.89 万 hm^2,红树林面积缩减速率有所放缓,但仍为减少趋势。我国对红树林的保护工作逐渐重视,据 2019 年红树林专项调查结果显示,我国共建有红树林分布的自然保护地共 52 处(不包括港澳台),包括红树林自然保护区、红树林湿地公园、海洋特别保护区等,在这些保护地中,红树林面积为 15944 hm^2,占中国红树林的 55% 以上。从保护级别看,国家级自然保护地内的红树林有 9800hm^2,占中国红树林面积的 34%;地方级自然保护地内的红树林有 6144hm^2,占中国红树林面积的 21%。海南省红树林湿地类型的自然保护区有 9 个,其中国家级自然保护区 1 个,省级自然保护区 2 个,市县级自然保护区 6 个;湿地类型自然保护区总面积为 10038.47hm^2。

海南省拥有我国种类最丰富的红树林资源,质量相对高,群落保存较为完整。据资料显示,全世界有红树植物 84 种(含 12 变种),其中真红树植物 70 种(含 12 变种),半红树植物 14 种,红树林总面积为 1700 万 hm^2,我国有红树植物 37 种(不含外来种),其中真红树植物 26 种,半红树植物 11 种,我国天然分布的 26 种真红树植物在海南均有分布,有半数以上树种仅在海南有天然分布。海南岛的红树植物种类占全世界的 1/3,占我国红树植物种类的 90% 以上;海南省独有的红树珍贵种类有 8 种,特别是以东寨港的海湾红树植物最为典型。海南岛东北部岸线曲折,海湾多且面积大,红树植物分布广且种类多,其中海口市东寨港和文昌市八门湾是全省最大的红树林分布区;西南部岸线较平直,多为砂岸和岩岸,红树林面积小,种类组成也较简单。

8.1 红树林资源概况

海南岛是我国红树种类最丰富、生长最好的地区。海南岛红树林广泛分布于全岛各沿海地区，主要分布在北部的海口市、东部的文昌市、南部的三亚市和陵水黎族自治县及西部的临高县和儋州市。为查清海南岛红树林资源状况，中国开展了几次全面详细的调查，海南岛 20 世纪 50 年代中期红树林面积为 9992 hm^2，1983 年红树林面积减少到 4836 hm^2（陈焕雄和陈二英，1985），1998 年红树林面积减少到 4772 hm^2（莫燕妮等，2002）。根据涂志刚等 2009 年 6 月的调查结果，海南省保护区红树林面积为 2958.95 hm^2，其中海南东寨港国家级自然保护区红树林面积为 1558.63 hm^2，占保护区红树林面积的 50%以上；海南清澜港省级自然保护区红树林面积是 983.56 hm^2，占海南省保护区红树林面积的 33.24%。三亚河红树林自然保护区红树林面积是 12.52 hm^2，亚龙湾青梅港红树林自然保护区红树林面积是 57.53 hm^2，儋州新英湾红树林自然保护区红树林面积是 114.59 hm^2，儋州东场红树林自然保护区红树林面积是 79.1 hm^2，临高彩桥红树林自然保护区红树林面积是 78.17 hm^2，澄迈花场湾红树林自然保护区红树林面积是 153.94 hm^2（涂志刚等，2015）。

8.2 红树林资源实地调查

8.2.1 调查区域概况

此次调查从 2018 年起，选择东寨港红树林自然保护区作为调查区域进行年度性调查。该保护区地处海南省东北部，位于海口市美兰区演丰镇，属于湿地类型的自然保护区。

东寨港红树林是我国目前面积最大的一片沿海滩涂森林，绵延海岸线总长 28km，是我国最美的八大海岸线之一。因陆陷成海，形如漏斗，海岸线曲折多湾，潟湖滩面缓平，红树林就分布在整个海岸浅滩上。保护区内的红树林被誉为"海上森林公园"，且具有世界地质奇观的"海底村庄"。

东寨港国家级自然保护区是我国首个以红树林为主的湿地类型自然保护区，也是我国红树林中连片面积最大、树种最多、林分质量最好、生物多样性最丰富的区域，有红树植物 20 科 36 种，占全国的 97%，其中海南海桑、水椰、卵叶海桑、拟海桑、木果楝、正红树、尖叶卤蕨、瓶花木、玉蕊、杨叶肖槿和银叶树等 11 种为中国红树林珍稀濒危植物。

8.2.2 调查方案

由于红树林特殊的生长环境，进行大范围的野外实测工作较为困难，测绘精度也较低，相比之下，遥感技术具有覆盖面积大、数据更新周期短、空间分辨率高等优势，成为红树林测绘与动态监测的重要技术手段。此次调查通过卫星遥感与实地调研相结合的方式，研究东寨港红树林自然保护区红树林的种群分类与变化监测，一方面实地调研获取的采样点数据与海南省林业局提供的历史资料为遥感影像的分类提取提供了先验信息，另一方面可对遥感的分类结果进行修订与补充。

1. 卫星数据获取

此次调查所使用的卫星数据均来自海南测绘地理信息局的 WV-3 影像数据。此次卫星影像数据分辨率为 0.5m，坐标为 CGCS2000，投影为高斯-克吕格投影，中央子午线为 111°E。

2. 数据分析

（1）卫星数据预处理

由于卫星拍摄的影像存在几何畸变，受大气影响存在一定的辐射误差，并且直接获取的数据是无量纲的影像像元数值（digital number，DN），并非地面真实的反射率。因此，首先需要对卫星影像进行数据预处理，获得反映地面真实反射率的正射影像数据，其中主要包含辐射定标、大气校正、几何校正、图像融合等流程。

（2）红树林信息提取与面积统计

获取东寨港区域的影像数据：通过目视解译和人工矢量勾画的方式得到东寨港红树林自然保护区的大致边界线，然后利用矢量边界线对卫星影像做掩膜处理，掩膜掉多余的陆地信息，只保留东寨港区域的影像信息，减少数据量，加快计算速度，并且可以减少陆地上的其他植被对红树林提取过程的干扰，有利于提取出红树林范围。

红树林区域提取：结合图像纹理和光谱特征，将裁剪后的影像大致分为红树林、林地、水域（河流）、耕地、水域（塘）、建筑物等类别，然后通过人工解译和矢量处理进行修正，分别提取出 2019～2020 年红树林所在区域，并进行变化检测。

红树林的种群分类：根据红树林的边界矢量文件，进一步对影像做掩膜处理，只保留含有红树林信息的影像区域，然后通过最大似然分类的方法对红树林进行种群分类，对分类后的影像进行不同类别红树林的面积测算。

（3）影像分类

传统分类技术由非监督分类和监督分类组成，非监督分类包括 ISODATA 分类和 K-Means 分类；监督分类包括最小距离法、最大似然法、平行六面体法、最大似然法和神经网络法等。对于高分影像而言，传统针对像元的分类方法容易引起"椒盐"噪声，这为后续分类结果的处理带来麻烦，而东寨港红树林自然保护区的红树林分布较为集中，具有清晰的纹理特征，综合考虑这两个方面，采用最大似然法的分类方法区分红树林与非红树林区域，通过多尺度分割的算法将影像分为单个对象，然后根据对象的光谱与纹理特征提取出红树林所在区域，并进行2019～2020年的对比分析，进行红树林范围的变化检测。

（4）分类后处理

得到的分类初步结果一般很难达到最终的应用目的，所以需要对分类结果进行后续处理，才能加以应用。分类后处理包括颜色设置、类别筛选、类别过滤、类别合并、类别统计、分类结果转矢量和分类结果手工修改等，具体如下。

颜色设置：重新定义分类结果中各个类别的颜色。

类别筛选：挑选指定的某一分类结果进行相关操作。

类别过滤：处理分类结果中出现的孤岛现象。

类别合并：将分类结果中指定的类别合并成一类。

类别统计：基于分类结果计算相关输入文件的统计信息，包括输入图像的像元数、最小值、最大值等信息。

分类结果转矢量：将结合图像纹理和光谱特征进行裁剪后的影像通过人工解译和矢量处理进行修正。

分类结果手工修改：对基于分类结果转化后的矢量数据进行手动编辑。

8.2.3 实地调研与样本分析

除了卫星遥感手段，还在2020年10月10～18日对东寨港红树林自然保护区进行了外业调研。

首先在影像上选择一些有代表性的样本点，在实地调查时，调查人员对样本点的红树林进行照片拍摄和叶子、果实、茎秆的样本采集等，同时记录样本点的地理位置信息，通过专家认证的方式确定了该区域的优势树种，部分树种的照片及采集的样本见图8-1和图8-2。

图8-1　海莲、红海榄的样本　　　　图8-2　样本采集与记录

8.2.4 红树林边界提取与面积变化检测

利用面向对象分类的方法,将影像中的临近像元聚集成一个个对象,进行红树林与非红树林区域的区分,这种方法充分利用了高分影像丰富的空间、纹理和光谱信息来分割与分类,分类结果精度较高,同时边界清晰平滑。

通过实地调研了解到,在 2019 年 7 月底人工种植的 158 亩红海榄顺利存活,详见图 8-3。

图 8-3　新种植红海榄

通过解译得到,东寨港红树林所占面积大约为 1784.15hm^2,2019 年 2 月至 2020 年 8 月红树林的面积有明显变化,通过实地调研得到,2020 年 10 月东寨港红树林面积新增 10.53hm^2(158 亩)。由此可得,2020 年东寨港红树林面积约为 1794.68hm^2。

由往年资料得知,2017 年东寨港红树林面积为 1681hm^2,2018 年红树林面积为 1760hm^2,2019 年红树林面积为 1771hm^2。因此得到的最终结果为:2020 年与 2019 年相比东寨港红树林面积增加了 23.68hm^2,2020 年与 2018 年相比增加了 34.68hm^2,与初次调查的 2017 年相比增加了 113.68hm^2。表 8-1 为 2019~2020 年东寨港红树林面积变化对比表。

表 8-1　2019~2020 年东寨港红树林面积变化对比表

年份	2019	2020	2019~2020 年面积变化
面积/hm^2	1771	1794.68	23.68

8.2.5 红树林种群分类

1. 种间分类

针对此次种间分类研究,只需要区分大类,在影像图中显示更为清楚且分布的位置更为清晰。因此,此次调研将红树林主要群落区分为 5 种,如下所示。

(1) 海莲群落

海莲群落外貌翠绿，林冠整齐，高 8~15m，胸径 20~32cm。林下地表密布膝状呼吸根。群落的幼林多处于平缓的中高潮滩，高大的树则处于高潮带，靠近岸边。群落主要分布于演丰镇河港村、龙尾村、曲口村、云路村。

(2) 角果木群落

角果木群落外表呈黄绿色，树干多弯多分枝，林冠平整，多为纯林，单层结构，林下有幼苗密布，外表如茶园，树高 1~3m，基径 8~15cm，具有小板状根，生长于平缓宽阔的高潮带，土壤坚实，泥质或半沙泥质土壤盐度高达 17‰，多呈纯林，杂有木榄、红海榄。群落大面积分布于塔市核心区以南，以及演丰东河西部和演丰东河口。

(3) 白骨壤群落

白骨壤是先锋树种之一，常出现在红树林的前缘和潮沟边，呈带状分布，在低潮滩涂前缘泥中能扎根，涨潮时白骨壤树冠受到不同程度的漫渍或全株被海水淹没，形成"海底森林"。白骨壤群落是一种适应性较广的群落类型，生长于淤泥、半沙泥及河口砂质滩地上，土壤盐度为 4.6‰~26‰，适盐度范围大。白骨壤外貌为银灰绿色，高 2~4m，基径为 10~15cm，多呈萌生状态。

(4) 秋茄树群落

秋茄树为先锋树种之一，常出现在林分的前缘和河沟两旁，能在低潮滩涂上扎根生长，涨潮时多被淹渍，小植株被淹没在海水中。生长的土壤多为泥质及沙泥质，土壤盐度为 5.6‰~26‰，适盐度范围大。

秋茄树外貌为黄绿色，高 3~4m，胸径为 5~10cm，基部具有板状根，种子具胎生，在秋茄树下常见小苗生长。

(5) 红海榄群落

红海榄为先锋树种之一，常出现在滩涂前缘及出海河滩，土壤深厚，有细沙涂泥，盐度为 9.5‰~24‰，群落多致密而统一。

红海榄林外貌为深绿色，结构简单，树高 2~5m，支柱根明显，且多分支，分布于核心区塔市至大林一带滩面。

如表 8-2 所示，不同种类的红树林在卫星影像（RGB 组合）上展现出不同的颜色与纹理特征。因此，在提取出红树林的分布范围之后，进一步利用最大似然分类法对卫星影像进行种间分类，制作相应的专题图。

表 8-2　不同红树林树种的卫星影像图与全貌图对比表

树种类别	卫星影像图	树种全貌图
海莲		
红海榄		
秋茄树		
白骨壤		
角果木		

2. 面积统计

对不同种类红树林进行统计,得到红树林面积及其所占比例,如表 8-3 所示。总体而言,各类红树林所占比例差别不大,海莲所占比例最高,为 26.19%,而白骨壤所占比例最低,为 12.26%。

表 8-3　东寨港红树林自然保护区不同种类红树林面积及比例统计

类别	秋茄树	白骨壤	角果木	海莲	红海榄
面积/hm²	313.77	220.05	438.94	470.01	351.91
比例/%	17.48	12.26	24.46	26.19	19.61
面积总和/hm²			1794.68		

8.3　海平面上升对红树林的影响

红树林的发育与海岸的地貌轮廓、地下水位、土壤性质、盐度等密切相关，海平面上升将从改变河流和海湾的潮汐范围、升高港湾和淡水区的盐度、影响沉积物和营养物的输送等方面改变红树林生长的物理化学环境，红树林生态系统的群落结构也将随之发生变化，连片红树林可能发生破碎。与海平面上升相伴随的海岸侵蚀、海水入侵、海浪和洪涝灾害等过程的加剧，都将对红树林生态系统构成一定程度的负面影响，从而使部分红树林的生长受到抑制，群落结构发生改变。在有可转移或扩展的空间及其他相关环境条件适宜的情况下，如果海平面上升不是太剧烈，红树林可向陆一侧延伸转移，然而，值得关注的是，红树林能否向陆一侧移动还受环境条件的限制，如基础设施（包括公路、农田、堤防、城市建筑、海堤、航道）和地形地貌（如陡峭的斜坡）等。在我国，海岸大部分地方都存在人工设施（如防风防浪和围垦的海堤），80%以上的红树林后方设有堤防，限制了红树林向陆地方向的迁移，海平面上升使滩面缩小，红树林面积减少，部分红树植物（演替后期种类）可能会在局部地方消亡。

海平面上升增大红树林的受淹频率和强度，改变近岸动力环境和营养物的输送，对红树林的生存产生不利影响，潮滩沉积速率低、潮差较小的红树林分布区域更易受到影响。海南东部和南部海岸，潮差较小，有的地方甚至不足 1m，红树林更容易发生退化，尤其是生长在海湾里的红树林，部分为开阔海岸红树林，且沉积物来源较少，对未来海平面的响应会比较敏感。

根据对东寨港红树林的调查，该区域红树林后方基本为天然海岸线，近 3 年来红树林面积未出现减少状况，且由于人工干预进行生态修复，该处的红树林面积有增加趋势。在全球变化的各种效应中，海平面上升是对红树林的最大威胁之一。海平面上升对红树林生态系统的影响不只是向陆迁移这么简单。当红树林生长海域潮滩的淤积速率大于或等于海平面上升速率时，红树林生长带将基本保持稳定，甚至向外海推进；当潮滩的淤积速率小于海平面上升速率时，红树林可能受到侵害而向陆迁移，但如果岸边有障碍物时，如基岩海岸或海堤，则红树林的生态带转移受阻，导致红树林湿地资源衰退或丧失。与海平面上升速率相比，我国大部分红树林生长区域的潮滩淤积速率大于或等于 2030 年前的海平面上升速率，红树林面积能基本上保持稳定；在 2030 年后海平面上升速率进一步加大的前提下,部分红树林潮滩的淤积速率将小于海平面上升速率,从而对红树林面积造成显著影响,尤其是在泥沙来源少、红树林潮滩淤积速率较低的沿岸区域(左军成等,2015)。

参 考 文 献

陈焕雄, 陈二英. 1985. 海南岛红树林分布的现状. 热带海洋, 4(3): 74-79.

莫燕妮, 庚志忠, 王春晓. 2002. 海南岛红树林资源现状及保护对策. 热带林业, 30(1): 46-50.

涂志刚, 陈晓慧, 吴瑞. 2015. 海南省红树林自然保护区红树林资源现状. 海洋开发与管理, 32(10): 90-92.

左军成, 左常圣, 李娟, 等. 2015. 近十年我国海平面变化研究进展. 河海大学学报(自然科学版), (5): 442-449.

第 9 章 海平面上升对海南省的影响及防范对策

海平面上升是一个长期存在、逐渐发展的过程，其带来的灾害是缓发性自然灾害。海平面持续上升加剧了风暴潮、滨海城市洪涝、海水入侵、海岸侵蚀等灾害，并导致红树林、海草床、盐沼等滨海生态系统生境被压缩，生物多样性下降。近 10 年来，约 2/3 的特大风暴潮灾害过程发生在高海平面和天文大潮期，现已成为制约沿海地区经济社会发展的主要灾害之一。

2019 年 9 月 25 日，政府间气候变化专门委员会（IPCC）发布《气候变化中的海洋和冰冻圈特别报告》，报告显示，由于格陵兰岛和南极洲冰盖的冰量损失加剧，全球平均海平面呈加速上升趋势；与 1997~2006 年相比，2007~2016 年南极洲冰盖的质量损失增加了 2 倍，格陵兰岛冰盖的质量损失增加了 1 倍。应用全球验潮站和卫星高度计观测数据的分析表明，近几十年来，全球海平面上升速率有显著增加现象；海平面上升速率 1901~1990 年为 1.4mm/a，1970~2015 年增加至 2.1mm/a，1993~2015 年为 3.2mm/a，2006~2015 年进一步增加至 3.6mm/a。预计到了 2100 年，在 RCP2.6 和 RCP8.5 情景下，全球平均海平面相对于 1986~2005 年将分别上升 0.43m（0.29~0.59m）和 0.84m（0.61~1.10m）；以前百年一遇的极端海平面事件到 21 世纪末可能每年都会发生；而 2300 年全球海平面可能会上升 0.6~5.4m。海平面上升和极端海洋天气气候事件导致海岸侵蚀、土地流失、洪水泛滥、海水入侵和土壤盐碱化等灾害风险在 21 世纪将会显著增加，沿海生物栖息地收缩，相关物种迁移，生物多样性和生态系统功能降低，一些低海拔沿海地区和岛礁面临淹没风险。《气候变化中的海洋和冰冻圈特别报告》指出，在海岸带灾害应对规划和预防措施中应充分考虑全球和局地海平面上升的可能范围，重点区域应考虑海平面上升可能上限及以上的情况，提倡基于生态系统的海岸防护，降低沿海地区暴露度和脆弱性，如降低海岸带城市化程度、控制人为因素造成的地面沉降等，打造积极有效、可持续和具有韧性的综合应对方案。

9.1 海平面上升对沿海地区自然环境的影响

（1）海平面上升对土地资源的影响

海平面上升会造成沿海地区土地资源数量的减少和质量的破坏。首先，海平面上升会淹没浅滩、地势低洼地段。其次，海平面上升会造成海岸侵蚀，压缩沿海地区近海活动的空间，其中海平面上升对海岸的侵蚀会通过海岸线后退和岸滩下蚀两种形式表现出来。再次，海平面上升还会降低沿海地区的土地质量，海平面上升对沿海地区最直接和最明显的影响是高水位时扩大土地淹没的范围，造成土壤盐渍化。

海南岛四面环海，海岸带海拔普遍较低，海平面上升将直接造成沿海潮滩土地资源及相关赖以生存的各种生物等资源损失。据估计，海平面上升 50cm，全国潮滩将损失 24%～34%，如上升 100cm，损失将达到 44%～56%（杨桂山和施雅风，1995）。海南岛海岸带陆上部分面积为 1.0352 万 km^2，占全岛面积的 30.48%，其中滨海平原（高程 0～3.5m）面积为 3639.05km^2，占海岸带面积的 22.87%；潮间带滩涂（0～±0.5m）面积为 595.61km^2，占海岸带面积的 3.74%（吕炳全和朱江，1992）。海南岛周边沿海，尤其是河口附近部分滩涂湿地的坡度约为 1‰，部分岸段平均坡度甚至不足 1‰，如果以平均坡度 1‰计算，相对海平面上升 1cm，受淹没的潮滩宽度将增加 10m。

同时，海南岛是世界闻名的热带海岛滨海旅游度假区，其中遍布海南岛四周的优质沙滩是最珍贵的旅游资源之一，海平面上升将直接淹没沙滩，减少优质沙滩面积，对旅游业有直接的经济影响。资料显示，海平面上升 50cm，三亚市海滨旅游区沙滩平均损失率为 24%（林彰平，2001），亚龙湾沙滩面积将损失 19.5～22.5m^2，三亚湾沙滩面积将损失 49.2～53.8m^2。根据海南省海平面上升预测结果和海滩调查成果，到 2100 年，大东海浴场将因海平面上升而损失 20%的沙滩面积（国家海洋局，2013）。

此外，海南省是海洋大省，管辖南海 200 多万平方千米的蓝色国土，海南岛周边及南海分布着众多的岛屿，海平面上升给很多低海拔小面积岛屿及低潮高地等带来了可能淹没的风险，一些关键位置的岛屿如果淹没将严重影响我国的领土面积，威胁我国的海洋权益。

（2）海平面上升对滨海湿地生态系统的影响

滨海湿地是海洋生态系统和陆地生态系统之间的过渡地带，由连续的沿海区域、潮间带区域及包括河网、河口、盐沼、沙滩等在内的水生态系统组成，受海陆共同作用的影响，是比较脆弱的生态敏感区。沿海湿地生态系统是一种特殊的生态系统，是生物资源最为丰富的生态系统之一。据第二次全国湿地资源调查报告统计，海南岛滨海湿地主要包括浅海水域、砂石海岸、岩石海岸、潮下水生层、珊瑚礁、红树林、河口水域、淤泥质海滩、三角洲（沙洲/沙岛）和海岸咸水湖 10 个类型，具有防风消浪、蓄水调洪、水质净化、大气调节、固碳、促淤造陆等功能性价值。

海平面上升对滨海湿地、红树林、珊瑚礁等生态系统造成严重威胁，降低沿海湿地生态系统的生物多样性，同时减弱其对海洋灾害的自然防御作用。有研究表明，海平面上升速率是滨海湿地消亡的主要影响因素，根据全球范围的预测，至 21 世纪末，现代滨海湿地区域的 20%～90%（分别对应于预测的小幅度和大幅度海平面上升情景）将会消失，这将导致生物多样性降低和具有极高价值的生态系统服务丧失。相关研究结果表明，如果海平面上升速率达到了 0.9~1.2mm/a，红树林生态系统就会受到胁迫，超过这个速率则无法适应。研究资料显示，1980~2018 年海口市东寨港海域海平面有非常明显的上升趋势，上升速率达到了 4.6mm/a，远高于全球和全国平均水平，在东寨港海域海平面上升速率远超 0.9~1.2mm/a 的情况下，东寨港的红树林湿地已处于海平面快速上升带来的威胁中，值得高度关注。

此外，滨海湿地的损失会改变滨海湿地生态的演替方向，大量具有高利用价值的海岸湿地将会变成利用价值极小的光滩，甚至一些具有特殊功能的湿地还会随着生存环境的改变而消失。海平面上升会导致红树林受浸淹而死亡、分布面积减小，还会导致红树林海岸潮汐特征发生改变、红树林敌害增多等。气候变暖引起的海水升温、海水酸化等均对脆弱的珊瑚礁生态系统产生影响，海南岛周边海域均发生不同程度的珊瑚白化和死亡现象。

（3）海平面上升对区域水生态系统的影响

海南岛沿海地区是人口密集、社会经济活动最频繁的地区之一，大量生产、生活污水向城市水体排放，已经对水体质量造成一定影响，海平面上升又进一步加剧城市水体水质的恶化。此外，海南岛沿海地区是海拔较低的地区，多数地区的平均高程都在平均高潮位以下，加之河口淤积效应明显，海平面上升后会在河口形成"海水顶托"效应，使得城市自然排水能力下降，从而导致城市污水排放困难，甚至发生倒灌，造成河网内水域污染扩大、加重，进而造成区域水质的持续性恶化。

9.2 海平面上升加剧海洋灾害的威胁

在全球气候变暖的背景下，极地与陆地冰山、冰川融化，同时海水受热膨胀，导致了全球性的海平面上升。海平面上升加剧极端海洋灾害的危害性、破坏近岸生态环境、加大岛屿淹没风险，将长期影响和威胁沿海地区的经济社会发展。海南省易遭受海平面上升引发的海洋灾害主要有风暴潮（含近岸浪）、海岸侵蚀、海水入侵和土壤盐渍化等。

（1）风暴潮

风暴潮灾害是影响海南省最严重的海洋灾害之一。随着气候变暖，海洋灾害发生频率和严重程度呈显著上升趋势，相关研究表明，海平面上升会增加风暴潮发生的频率和强度。近年来，气候变暖背景下海平面上升直接导致风暴潮灾害的淹没范围扩大，同时使平均海平面及各种特征潮位相应增高，水深增大，近岸波浪作用增强，进一步加大了风暴潮和近岸浪的强度，相应地会造成码头、港区道路及仓储设施等受淹频率增加，涵闸加速废弃。风暴潮过境往往会产生巨大的海浪，淹没沿海地区农田，破坏近海养殖水面，导致农业生产发展和近海养殖难以为继，造成严重的经济损失。

（2）海岸侵蚀

海平面上升对海岸淤蚀动态的影响是通过海洋动力实现的，海洋动力作用的增强会使海岸淤积速率减慢和侵蚀速率加快。对于淤涨岸段，海岸线上升后在平均潮位线以上滩面将淤积加高，淤积速度将减慢，在平均潮位线以下滩面将趋于蚀低，且侵蚀加剧，因潮上带不断淤高和潮下带不断蚀低，滩面总体形态最终将逐渐变陡，剖面上凸下凹形态的曲率不断加大，在无人为干扰且水动力大致不变的前提下，将向海平面上升前以平均潮位线为基准的潮滩剖面形态靠拢。对于侵蚀岸段，海平面上升的效应则相反，平均潮位线以上滩面强烈蚀低，平均潮位线以下滩面强烈淤高，因潮上带不断蚀低和潮下带不断淤高，剖面的上凹形态最终将趋于平直。

海南岛海岸线长1822.8km，地质构造与岩性复杂，海岸类型较多，主要有砂质海岸、基岩海岸、淤泥质海岸、珊瑚礁海岸和红树林海岸等。自然岸线中砂质岸线是海南岛的主要海岸线类型，分布于全省各市县的大小海湾中。在砂质海岸中约有50%以上的岸段因侵蚀而后退，局部地段海岸线被侵蚀的程度较为严重，主要集中在文昌市、三亚市、澄迈县、海口市等岸段。海南岛侵蚀海岸分布较普遍，侵蚀海岸中的砂质海岸类型复杂多样。

海平面上升引起海岸的海流等动力情况改变，导致海岸侵蚀不可逆及重塑海岸剖面，破坏海岸工程，削弱海岸综合防护能力，根据连续多年的监测调查结果，海岸侵蚀普遍存在于海南岛周边各市县，部分岸段侵蚀已对岸上设施及人民群众生活造成严重影响。

（3）海水入侵和土壤盐渍化

海水入侵是指海水渗入沿海地区地下淡水含水层的现象。土壤盐渍化是指易溶性盐分在土壤表层积累的现象或过程，也称盐碱化。海平面上升和地下水过量开采，是造成滨海地区海水入侵的主要原因，由于局部地区海水入侵加重，土壤含盐量升高，进而产生不同程度的盐渍化。此外，海平面上升后，大量海水涌入河网，导致入河水体的氯度大幅增加，造成沿海城市生产、生活用水水质下降，严重影响城市用水水质，导致水质性缺水。

根据对三亚市海水入侵和土壤盐渍化状况的监测结果，榆林湾监测区域海水入侵情况较严重，2011~2016年监测点距海岸线约400m处均出现严重入侵，约500m处为轻微入侵，海水入侵范围在距岸0.55km以内，水质为酸性，且呈现出咸水、微咸水和淡水的明显变化趋势（海南省海洋与渔业厅，2015）。榆林湾和海棠湾监测区域存在土壤盐渍化现象，榆林湾入侵范围在距岸0.5km以内，海棠湾入侵范围在距岸 0.6km 以内，2016 年较 2015 年略有加重趋势（海南省海洋与渔业厅，2017）。

9.3　海平面上升降低海岸防护设施的防护能力

海平面上升使高潮位升高，导致极值高潮位的重现期明显缩短；同时堤前水深增加，会引起波高加大，进而使波浪爬高增加。这两者无疑会造成海水漫溢海堤的频次增加，甚至损毁堤防。因此，海平面上升将使堤防防御能力下降，而水深的增加又会使波浪爬高明显增大，造成防护堤标准提高，原有的百年一遇或 50 年一遇堤防将达不到防御标准，造成海岸工程及防护设施寿命缩短或危及建筑物的安全。据陈奇礼和许时耕（1993）的计算，50～100 年后，因海平面上升，东方市海岸工程的设计波高百年一遇重现期将缩短至 55 年，设计波高由原来的 8.7m 增大至 9.2m。台风影响期间，当风暴潮增水较大时，海平面上升造成的水深增大将使得在同样风场情况下的风浪和拍岸浪增高，甚至超过工程设计波高，浪潮相互作用会破坏构筑物或漫过堤岸，使堤防受损更加严重。沿海地区堤防防护能力的下降，无疑将直接影响该区域防御海洋灾害的能力，造成沿海海洋灾害损失的加剧。

9.4　海平面上升对沿海地区社会经济的影响

（1）造成严重经济损失

气候变化导致海平面明显上升，使海洋灾害造成的影响加剧，其中，风暴潮灾害是影响海南省最严重的海洋灾害之一，也是受海平面上升影响最直接的灾害之一，其造成的直接经济损失达到海洋灾害总经济损失的 95%。近年来，气候变暖背景下海平面上升直接导致风暴潮灾害的淹没范围扩大，由于水深增大，近岸波浪作用增强，风暴潮等海洋灾害造成的破坏力增大，沿海地区遭受的社会经济损失急剧增加。同时，沿海经济社会快速发展，虽然沿海海堤的防护能力已经有大幅度提升，但风暴潮灾害造成的经济损失整体上仍呈显著上升趋势，对沿海地区的经济社会发展造成了明显的不利影响。2009~2019 年，海南省共发生 9 次风暴潮过程，在高海平面期发生的风暴潮造成的渔业直接经济损失达 64.654 393 亿元，海平面上升已成为造成海洋灾害经济损失加剧的重要因素之一。

（2）加大沿海地区脆弱性

海南岛中间高耸，四周低平，中心到四周依次是由山地、丘陵、台地、平原组成的环形层状地貌，阶梯结构非常明显。海南省下辖 4 个地级市、5 个县级市、4 个县和 6 个自治县，2016 年末常住人口为 917.13 万人。随着社会经济的发展，海岸带和近海开发利用活动日益频繁，海运交通、近海养殖、滨海旅游等产业迅速崛起，沿岸经济开发区和重大海上工程建设快速发展，对近岸海洋环境的自然规律造成了较大的影响，并带来环境破坏及生态退化等大量问题，在适应海平面上升和海洋灾害紧迫的形势下，沿海地区的脆弱性越来越突出。

目前，在海南自由贸易港建设的背景下，海南岛周边沿海地区的开发建设加速进行，经济发展的同时，人口居住密度显著增加，沿海地区低洼地区通过修建海堤预防海浪、风暴潮等海洋灾害。但在坚固的海堤防护措施的保护下，近岸经济开发活动和相关的社会活动也相应增加，反而会加剧应对海洋灾害的脆弱性，一旦遭遇极端海洋灾害事件，将造成重大的灾害损失。例如，美国新奥尔良在2005年8月29日遭受超强飓风"卡特里娜"的袭击，海堤被巨浪损毁，全城受淹，死亡（含失踪）人数达2200多人，总经济损失达810亿美元，居美国历史之最。因此，具有较好防护措施的沿海地区存在更多的经济开发活动，面对不可预想的极端海洋灾害事件甚至存在更大风险，会加剧其应对海洋灾害的脆弱性。

（3）多因素叠加风险

沿海地区遭遇多因素叠加的突发性极端事件，将可能承受不可估量的社会经济损失。影响沿海地区脆弱性和风险性的不只是海平面上升因素。当前沿海地区经济的可持续发展面临着多种问题，除了风暴潮等海洋灾害，地面沉降、围填海、经济总量大、气候变化导致的台风轨迹多变和极端事件增多等因素在沿海地区也埋下了不太平的种子。如果多种不利因素同时出现且叠加在一起，有可能变成影响沿海地区经济社会发展的重大风险因素。叠加会形成风险放大效应，将会产生不可估量的社会经济损失。

9.5 海平面上升防范对策

（1）加强科学调查监测

建设高水平的监测队伍，加快研究海平面变化的观测预测技术，提高海平面预测精度。海平面上升趋势和速度的准确预测是海平面上升风险化解机制构建的前提。在科学预测海平面上升的过程中，需要建立多层次数据采集渠道，完善现有海洋监测站网络，加强基准潮位核定工作，以便获取准确的海平面监测数据，完善海南省海平面变化监测体系，建立全方位的潮位观测网。同时，还应该不断更新和改进海平面上升的预测方法，加强和规范验潮站的观测与管理，提高海平面的预测精度，科学准确地掌握海平面变化的事实，建立海南省海平面变化数据库信息系统，为后期治理措施提供科学依据。深入调查海平面上升对风暴潮、城市洪涝、咸潮、海岸侵蚀、海水入侵、典型滨海生态系统和海岸工程等的影响，掌握海平面上升对沿海生态群落及红树林防护工程的影响，为制订地区海平面上升防护措施提供理论和数据支持。

（2）加强海岸带生态保护与修复

加强海平面变化影响调查与评估，全面掌握海平面上升对海南岛不同区域的影响情况，制定受损岸线岸段整治修复方案，开展科学整治修复工作，恢复受损岸线岸段的自然生态环境。对沿海生态脆弱区加强滨海植被、滩涂湿地及岛礁的保护工作，恢复和加强这些地区的滨海自然生态系统。对于重点侵蚀海岸，要通过人工植被修复、沙滩养护及护岸设施建设等手段提升其抵御海平面上升的能力。

（3）完善规划评估与研究

加强科学技术研究，综合评估海平面上升风险，推进适应海平面上升的技术开发和示范。加强海平面上升及受其影响领域的基础研究和应用研究。从海平面上升的观测与预测、海洋灾害预报与评估、海岸带和近海生态系统的响应与适应、海岛海岸带保护与开发等重点方向深入开展工作，尤其是加大气候变化和海平面上升导致的海洋灾害加剧、海洋生态环境退化及其适应对策等重大科技问题的研究力度。同时，针对沿海地区的具体要求，研究海平面上升给城市建设带来的一系列问题，如防洪、排污、排涝、给水、排水、城市交通等，提出相应的科学防治对策建议。

（4）开展海岸带风险评估

一是综合评估，分类指导。根据沿海地区海平面上升的趋势，开展综合影响评价，根据影响程度的大小和危险度划分区域，作为沿海地区制定规划和各类政策的重要依据，研究海平面上升及海岸带开发活动和沿海工程建设对重点岸段海岸侵蚀的影响，在海洋工程和海岸工程建设前，充分考虑海平面上升因素对工程建设的影响，进行海洋灾害风险抵御能力评估。二是专项评估，及早应对。要针对海平面上升对汛期排涝能力降低及所影响的区域、海水倒灌形成咸潮入侵所造成的饮用水安全问题、沿海生态系统破坏的规模及速度、对沿海农田和居民区的影响、对海水养殖与捕捞和旅游业的影响等风险进行评估，为尽早制订相关措施提供依据。

（5）优化海岸带空间布局

合理布局城市的发展规模和发展方向，加大海平面上升的负面效应在海岸带规划和国土空间开发评估时的权重，保证海岸带生态建设、防护建设与工农业生产、城镇建设空间协调。合理布局城镇人口和产业，重点规避海平面上升的高危害区和高风险区，为海平面上升预留缓冲余地。加强滨海城市的防洪排涝基础设施建设，改进和完善城市的给排水系统，提高排水管网建设标准。提升海防工程的建设标准，提高堤防、防潮坝等防护设施的设计标准，加强易受风暴潮影响岸段的防护设施的建设与管理，以应对未来可能的海平面上升所带来的城市洪涝灾害，提升城市的防护能力，最大限度地减少潜在的灾害损失。

（6）加强教育宣传与公众参与

从省级层面，在沿海各市县各级政府机关、学校等部门开展海平面上升领域适应对策的基础教育、概念示范，通过电视、网络、广播等多种平台开展海平面上升领域的科普类讲座，将海平面上升对经济社会发展的主要影响等知识宣传到社会各界，加深沿海公众对海平面上升的认识，增加海平面上升及风暴潮、咸潮等海洋灾害的防范意识，推动沿海地区经济社会稳定可持续发展。

参 考 文 献

陈奇礼, 许时耕. 1993. 海平面上升对华南沿海工程设计波要素的影响. 海洋通报, (6): 14-17.

国家海洋局. 2013. 2012 年中国海平面公报.

海南省海洋与渔业厅. 2015. 2014 年海南省海洋环境状况公报.

海南省海洋与渔业厅. 2017. 2016 年海南省海洋环境状况公报.

林彰平. 2001. 海平面上升对我国沿海地区可持续发展的影响及对策. 邵阳师范高等专科学校学报, 23(2): 75-77.

吕炳全, 朱江. 1992. 未来气候与海平面变化对海南岛沿岸环境的可能影响. 热带海洋, (2): 70-75.

杨桂山, 施雅风. 1995. 中国沿岸海平面上升及影响研究的现状与问题. 地球科学进展, 10(5): 475-482.